Der Bau der Starrluftschiffe

Ein Leitfaden für Konstrukteure und Statiker

von

Johannes Schwengler
Oberingenieur

Mit 33 Textabbildungen

Springer-Verlag Berlin Heidelberg GmbH
1925

ISBN 978-3-662-38781-8 ISBN 978-3-662-39679-7 (eBook)
DOI 10.1007/978-3-662-39679-7

Vorwort.

Der Luftschiffbau ist dem außenstehenden Ingenieur bis heut ein verschlossenes Gebiet gewesen. Wohl ist besonders nach dem Kriege auch im Auslande eine ansehnliche Literatur entstanden, jedoch beschränken sich alle Veröffentlichungen auf Angaben zu allgemeiner Natur, um besonders dem ausübenden Ingenieur viel zu sagen. So ist auch das umfassende Werk von Pratt, dem Chefingenieur der Vickers-Werke, in erster Linie eine allerdings sehr wertvolle Bereicherung des bisher vorhandenen statistischen Materials.

Es gilt auch die Anschauung zu zerstören, als ob außer dem Luftschiffer, dem Meteorologen und dem Aerodynamiker hier nur noch der Maschineningenieur ein Betätigungsfeld findet, denn gerade der Aufbau, die Konstruktion und die Berechnung der starren Gerüste ist ureigenstes Gebiet des Bauingenieurs.

Die gegenwärtige wirtschaftliche Lage zwingt vorläufig zu einem kurzen Leitfaden zur Einführung in dieses interessante und große Fabrikationsgebiet, das sich ohne Zweifel noch in absehbarer Zeit zu einem bedeutsamen Wirtschaftsfaktor aufschwingen wird.

Strelitz, im November 1924.

Joh. Schwengler.

Inhalt.

I. Konstruktiver Teil.

1. Die Zeppelin-Luftschiffe und ihr Bau vor dem Kriege und während desselben.

Der Ausbildung der Luftschiffe als starre, unstarre und halbstarre Schiffe haben ihre Schöpfer die Wege gewiesen. Die bisher ausgeführten Formen der halbstarren und unstarren Systeme zeigen gewiß eine reiche Mannigfaltigkeit, die jedoch immerhin als sekundär aufzufassen ist, da allen diesen Schiffen der pralle Ballon als Hauptkonstruktionsglied eigen ist. Es ist daher besser — und es scheint sich auch in neuerer Zeit immer mehr einzubürgern — die Luftschiffe nur in 2 Typen einzuteilen, und zwar in Starrschiffe und Prallschiffe.

Als Schöpfer der starren Schiffe muß Zeppelin und als Schöpfer der prallen Schiffe muß Parseval angesehen werden.

Dadurch, daß es den Starrschiffbauern früher möglich war, in großen Ausmaßen zu bauen und dadurch die Leistungsfähigkeit der Luftschiffe an sich zu demonstrieren, wurde das Interesse weiterer Kreise mehr durch das Starrschiff gefesselt und es schien so, als ob nur das Starrschiff berufen wäre, nennenswerte Leistungen auszuführen.

Wir wollen uns hier noch nicht nach der einen oder anderen Richtung hin festlegen, betonen jedoch, daß — ganz abgesehen von jeder wenn auch begründeten Ansicht — es zum mindesten abgewartet werden muß, wie der pralle Ballon sich in größeren Ausführungen bewährt, da erst dann der endgültige demonstrative Beweis für die Überlegenheit des einen Schiffstyps über den anderen geführt werden kann. In diesem Zusammenhange sei gleich hier hervorgehoben, daß Parseval bzw. die „Luftfahrzeug-Gesellschaft" noch gegen Ende des Krieges das Prallschiff P. L. 27 herausbrachte, das mit 32000 cbm Inhalt den neueren Zeppelintyp „Bodensee" noch um 60% übertraf, wodurch der Beweis schon geführt ist, daß die Zeit der begrenzten Ausführung für Prallschiffe vorüber ist.

Da die maßgebendsten Schiffe bisher als Starrschiffe gebaut wurden, wollen wir uns erst mit diesem Schiffstyp befassen.

Das erste Zeppelinschiff wurde im Jahre 1900 vollendet. Es hatte folgende Abmessungen:

Durchmesser	11,60 m
Länge	128 m
Hauptspantquerschnitt	106 qm
Inhalt	11300 cbm.

Die vordere und die hintere Spitze waren gleich ausgebildet und hatten je 16 m Länge, so daß auf 128 — 32 = 96 m, also auf 75% der Gesamtlänge, die zylindrische Form durchgeführt war.

Der Querschnitt des Gerippes war ein 24-Eck.

Im Gegensatz zum „Schütte-Lanz-Schiff" ist der Aufbau des räumlichen Trägerwerks beim Zeppelinschiff derselbe geblieben. Die Träger lagen und liegen in der Mantelfläche des Schiffskörpers; die Längsträger laufen parallel zur Längsachse des Schiffes, die Ringträger senkrecht dazu. Die Ringe sind in sich verspannt, bilden also Querschotten und unterteilen den ganzen Schiffsraum in der Längsrichtung.

Beim ersten Schiffe gab es 17 solcher Abteile, und zwar 15 zu 8 m Länge und 2 zu 4 m. Das Gewicht der einzelnen Träger bewegte sich zwischen 0,90 und 1,80 kg pro m. Das Gerippe wog 5825 kg, und zwar 0,516 kg pro cbm[1]).

Die erwähnten 17 Abteilungen waren mit 17 Gaszellen ausgefüllt. Diese Zellen bestanden aus gummiertem Baumwollstoff von 170 und 150 g pro qm je nach der Stärke der Gummischicht. Die Außenhülle hatte ein Durchschnittsgewicht von 107 g pro qm. Das Schiff trug im vorderen und hinteren Teile je eine Gondel mit einem 14,7 PS starken Daimlermotor. Diese zwei 14,7 PS starke Antriebsanlage hatte mit allem Zubehör ein Gewicht von 1970 kg oder von 1970 : 2 . 14,7 = 67 kg pro PS. Dieses erste Schiff entwickelte eine Geschwindigkeit von 9 m/sec und konnte außer der notwendigen Besatzung die Betriebsmittel für 10 Stunden Fahrtdauer mitnehmen.

Ausgerüstet mit den bei Bau und Betrieb des ersten Schiffes gesammelten Erfahrungen wurde bei der Weiterentwicklung das Hauptaugenmerk gerichtet auf den Träger- und Gerippebau, die Zell- und Außenstoffe sowie die Motor- und Propelleranlage, während die Verbesserung der Form des Schiffes ruhte.

Der Trägerbau mußte nach 2 Richtungen hin in Angriff genommen werden: zuerst in bezug auf das Gewicht, sodann in bezug auf seine Festigkeit und Steifigkeit.

Die Träger des ersten Schiffes waren noch als einfache Parallelträger ausgebildet, die selbstverständlich nur bei Belastungen in Richtung der Trägerhöhe eine gewisse Steifigkeit hatten, wohingegen sie bei Lastangriffen in Richtung ihrer geringen Breite nicht widerstandsfähig sein konnten. So zeigten sich während der Fahrten des ersten Schiffes schon bei verhältnismäßig geringen Steuerausschlägen und den dadurch bedingten biegenden Längsbeanspruchungen des Gerippes starke Durchbiegungen der Träger, und zwar bis zu 25 cm Größe. Es mußte also sofort zur Durchbildung räumlicher Träger geschritten werden,

[1]) Diese Angaben entstammen einem im Sommer 1914 in Friedrichshafen gehaltenen Vortrage des Grafen Zeppelin.

die nach mehr als einer Richtung hin die erforderliche Biegungs- bzw. Knickfestigkeit besaßen, und man gelangte zu dem räumlichen Dreiecks- oder Dreikantträger, der im senkrechten Schnitte meist ein gleichschenkliges Dreieck darstellt.

Dieser Dreikantträger wurde deshalb dem sonst im Baufache üblichen vierkantigen Kastenträger vorgezogen, weil durch die meist exzentrisch angreifenden Verspannungen im Gerippe die Träger nach allen Richtungen hin gezogen, gedrückt und gedreht werden, und der nicht torsionsfeste Kastenträger starke Formänderungen erlitten hätte. Näheres über diese Trägereigenschaften wird in den Abschnitten über die Festigkeit und die Konstruktion des Schiffskörpers ausgeführt werden.

Trotz der mit anfänglich größerem Materialaufwand verbundenen Einführung des räumlichen dreikantigen Gitterträgers gelang es in 10 bis 12jähriger Arbeit, das Durchschnittsgewicht der Träger noch um 130 g pro lfd. m gegenüber den Trägergewichten beim ersten Schiffe aufzubessern, so daß sich bei der Sachsenklasse das Gewicht der Träger zwischen 750 g und 1,60 bis 1,70 kg pro lfd. m bewegte.

Bei den Ballonstoffen hatten sich die verbessernden Arbeiten zu erstrecken auf die Dichtigkeit, die Festigkeit und selbstverständlich auf das Gewicht. In der ersten Entwicklungszeit mußte der zu starken Durchlässigkeit wegen das Gewicht der Innenzellen sogar noch erhöht werden, und zwar um 30 bis 35%, bis die Fabrikation der Goldschläger- oder Stoffhaut, einer Kombination des Baumwollstoffes mit tierischen Därmen, genügende Fortschritte gemacht hatte, um das Gewicht der Innenzellen wieder auf etwa 170 g pro qm zu drücken. Über die weiteren Eigenschaften besonders der jetzigen Stoffe wird später berichtet werden, nur so viel sei hier schon gebracht, daß die Dichtigkeit der Ballonstoffe schon bei Beginn und während des Krieges eine zufriedenstellende war, und daß zur Zeit sowohl Gummistoffe als auch Stoffhaut sich für alle Schiffsgrößen und die dabei auftretenden Beanspruchungen herstellen lassen. Selbstverständlich richtet sich das Gewicht ganz nach der verlangten Festigkeit des Stoffes bzw. nach dem erforderlichen oder vorgeschriebenen Sicherheitsgrad des Stoffes gegen Zerreißen.

Die Verbesserung der Maschinenanlage, und zwar nach Gewicht und Wirkungsgrad sind ein besonderes Verdienst des älteren und des jüngeren Maybach — Vater und Sohn —, die es verstanden haben, den damals vorhandenen Daimlermotor den besonderen Zwecken des Luftschiffmotors anzupassen und einen Spezialtyp zu schaffen, der während des Krieges zu hoher Vollkommenheit gelangte. Der schon 1917 als Höhenmotor besonders geschätzte „Maybach" von 250 PS hatte ein Gewicht ausschließlich Propeller von 440 kg, so daß damit ein Einheitsgewicht von 440 : 250 = 1,76 kg pro PS erreicht worden war.

Außer der Verbesserung der Maschinenanlage selbst wurde jedoch für den Antrieb durch Veränderung der Form des Schiffes wenig getan, wenn man gelegentliche Abänderungen der Spitzen nicht als wesentliche Verbesserungen gelten lassen will.

Diese Unterlassung ist jedoch nicht darauf zurückzuführen, daß den Mitarbeitern des alten Grafen die Vorteile der Stromlinienform sämtlich fremd und unbekannt waren. Die gelegentlichen Auslassungen des Luftschiffbaues „Schütte-Lanz" schießen wenigstens nach dieser Richtung hin über das Ziel hinaus, wie der Verfasser aus eigener persönlicher Kenntnis hier festlegen möchte.

Wenn man die beiden Gegensätze Zylinder und Stromlinie vergleicht, so ist ohne weiteres der Zylindermantel für eine streng durchgeführte Massenfabrikation prädestiniert, da sämtliche Querschnitte als Kreise mit demselben Durchmesser einander gleich sind, wohingegen bei der Stromlinienform durch die kontinuierlichen Kurven die Durchmesser ständig ab- oder zunehmen. Bei der Zylinderform sind demnach alle normalen Ringe und ihre zugehörigen Träger gleich, wohingegen im anderen Falle je nach der Durchführung der Stromlinie auch die gleich belasteten Ringe sämtlich voneinander verschieden sein können. Daß sich dadurch die Herstellungskosten ganz wesentlich verteuern, da Rechnung, Konstruktion und Montage komplizierter werden, liegt ohne weiteres auf der Hand.

Hierin ist auch der eigentliche Grund dafür zu suchen, daß auf der Zeppelinwerft mit der Durchführung der Stromlinienform etwas zögernd und auch nur schrittweise vorgegangen wurde. Während des Krieges, wo an Bestellungen kein Mangel war, konnte der Übergang ebenfalls nicht plötzlich erfolgen, weil nun wieder die übereilte Produktion hindernd in den Weg trat. Das allmähliche „Hineinwachsen" in die bessere Widerstandsform läßt sich am besten an Hand der von Jaray Ende 1920 in der Zeitschrift für Flugtechnik und Motorluftschiffahrt veröffentlichten Zusammenstellung der Schattenrisse der Zeppelinschiffe verfolgen.

Eine sehr interessante und vor allem die umfassendste Zusammenstellung aller Z-Schiffbauten bringt Hauptmann Stahl in dem Aufsatz „Die Starrluftschiffe" vom 24. November 1920 in der „Illustr. Flugwelt Leipzig". Außer den Hauptabmessungen werden Nutzlast, Anzahl und Stärke der Motoren sowie Geschwindigkeit angegeben. Zum ersten Male wird hier auch das Ende eines jeden Schiffes veröffentlicht ohne Rücksicht darauf, ob es sich um Zerstörung durch feindliche Gewalt oder durch einen Unfall oder um Abrüstung handelt.

Wir geben hiermit einen Auszug aus der Tabelle wieder, um wenigstens die wichtigsten Typen und ihre Charakteristiken festzuhalten (siehe Tabelle der Zeppelin-Schiffe).

Tabelle der Zeppelin-Schiffe.

Schiff oder Klasse	Inhalt cbm	Zahl der Schiffe	Zahl der Zellen	Länge m	Durchmesser m	Nutzlast kg	Zahl der Motoren	PS eines Motors	Gesamt-PS	Geschwindigkeit m/sec
L Z 1	11300	1	17	128	11,7	—	2	14,7	29	8
L Z 2 u. 3	11300 bzw. 12200	1	16/17	128/136	11,7	2700	2	85bz.100	170/200	11/12,2
L Z 4 u. 5	15000	2	17	136	13,0	4600	2	100	200	13
L Z 6	15000/16000	1	17/18	136/144	13,0	4000	2/3	2 zu 115 1 zu 140	230 370	13 15,5
Z II, Z III	17800	2	17	140	14,0	6000	3	140	420	21
Schwaben	17800	1	17	140	14,0	6000	3	140	420	21
Hansa Viktoria Luise	18700	2	18	148	14,0	6200	3	140/165	420/495	21
Deutschland	19300/19500	7	18/16	148/142	14,0/14,86	6500 7000	3 3	120 165	360/495	16 21
Sachsen	20870	3	17	148	14,86	7500	3	165	495	20,5
Z VII, VIII	22140	2	18	156	14,86	8000	3	175	525	20
L 3—8 Z IX—XI	22500	11	18	158	14,86	8700	3	210	630	22
Z XII, L 9, LZ 39	25000	3	15	161,4	16,0	10000	3	210	630	22
L Z 77—93 L 10—19	32000	22	16	163,5	18,7	15000	4	210/240	840/960	25
L Z 86...111 L 20...26	35800	12	18	178,5	18,7	17500	4	240	960	25
L Z 113, 120 L 30...50	55000	17	19	198	23,9	30000 bis 32500	6	240	1440	28
L 42, 43	55500	2	18	196,5	23,9	36000	5	240	1200	27
L 44...54	55800	7	18	196,5	23,9	37500 u. 39000	5	240	1200	27 u. 29,5
L 53...65	56000	10	14	196,5	23,9	40000	5	240/290	1220/1450	30/32
L 57, 59	68500	2	16	226,5	23,9	52000	5	240	1200	28
L 70, 71, 72	62200	3	15	211,5	23,9	44000	7	290	2050	36
Bodensee	20000/22550	1	12/13	120,8/130,8	18,7	10000/11200	4	240	960	36,8
Nordstern	22550	1	13	130,8	18,7	11200	4	240	960	35,4

Die Tabelle zeigt uns zuerst die allmähliche Entwicklung bezüglich der äußeren Form der Schiffe, soweit dieselbe durch das Streckungsverhältnis zum Ausdruck kommt. Bei den ersten Schiffen und etwa bis zum Jahre 1910 ist das Verhältnis vom Durchmesser zur Länge 1 : 11.

Bei der Sachsenklasse und den Schiffen von 22500 und 25000 cbm bis etwa zum Jahre 1915 herrscht die Streckung 1 : 10.

Die Schiffe von	32000 cbm	haben die Streckung	1 : 8,75
„ „ „	35800 „	„ „ „	1 : 9,50
„ „ „	55000 „	„ „ „	1 : 8,30
„ „ „	68150 „	„ „ „	1 : 9,50
„Bodensee“ und „Nordstern“		„ „ „	1 : 6,95

Die Geschwindigkeit konnte bis etwa 36 m/sec oder 130 km pro Stunde gesteigert werden.

Was die Außerdienststellung der Schiffe betrifft, so sind von den 116 gebauten Z-Schiffen nur 20 $^0/_0$ abgerüstet, weil sie veraltet waren, 35 $^0/_0$ sind abgeschossen, angeschossen und dann abgetrieben und gestrandet oder auf ähnliche Weise umgekommen, 38 $^0/_0$ nach Notlandung durch Sturm oder infolge harter Landung zerstört oder verbrannt, 9 Schiffe wurden an die Entente ausgeliefert.

Bei den wenigen Schiffen, die ein normales Ende erreichten, läßt sich ein Lebensalter von 2 bis 4 Jahren verfolgen, und es unterliegt wohl keinem Zweifel, daß bei solider Ausführung und guter Wartung der Schiffe mit einer Lebensdauer von 4 Jahren gerechnet werden kann. Schiffe, die wenig in Betrieb sind, haben natürlich wesentlich höhere Lebensdauer.

2. Über die Starrschiffe des Luftschiffbaues „Schütte Lanz“.

Professor Schütte begann im September 1909 mit Hilfe der Familie Lanz-Röchling den Bau seines ersten Schiffes. Die erste Fahrt fand am 17. Oktober 1911 statt. Das Schiff hatte 19000 cbm Inhalt, eine Streckung von 18,4 : 131 = 1 : 7,1, eine Motorenstärke von 2 : 250 PS, eine Nutzlast von 5000 kg und eine Geschwindigkeit von 19 m/sec oder 68,5 km/St.

Die Firma bucht als ein besonderes Verdienst, daß gleich zu Beginn ein sehr gedrungener Schiffskörper mit guter Stromlinienform herausgebracht wurde. Allerdings zeigt die in diesem Teile gebrachte Tabelle der Schütte-Lanz-Luftschiffe, daß diese vorteilhafte gedrungene Form im Laufe der Jahre und weiteren Entwicklung nicht beibehalten werden konnte, sondern daß hier mit steigender Größe, Konzessionen gemacht werden mußten. So entwickelten sich die Schütte-Schiffe bezüglich der äußeren Form nahezu den Z-Schiffen entgegengesetzt. Das Verhältnis des Durchmessers der SL-Schiffe zur Länge beträgt bei den einzelnen Typen:

18,4 : 131 = 1 : 7,1;	bei V = 19000 cbm	im	Jahre	1911
18,2 : 144 = 1 : 7,9;	„ V = 25000 „	„	„	1914
20 : 153 = 1 : 7,65;	„ V = 32000 „	„	„	1915
20 : 163 = 1 : 8,15;	„ V = 35000 „	„	„	1915
20 : 174 = 1 : 8,7;	„ V = 38000 „	„	„	1916
23 : 198 = 1 : 8,6;	„ V = 56000 „	„	„	1917/18

Tabelle der Schütte-Lanz-Luftschiffe.

Schiff Nr.	Baubeginn	1. Fahrt	Gasinhalt cbm	Länge m	Größter Durchmesser m	Motoren	Nutzlast kg	Geschwindigkeit m/sec
S. L. 1	Sept. 1909	17. 10. 1911	19000	131	18,4	2 × 250 PS Mercedes	5000	19,0
S. L. 2	Juni 1913	28. 2. 1914	25000	144	18,2	4 × 180 PS Maybach	7870	24,5
S. L. 3	Sept. 1914	4. 2. 1915	32000	153	20	4 × 210 PS Maybach	14000	
S. L. 6	16. 3. 1915	19. 9 1915	35000	163	20	4 × 210 PS Maybach	15700	25,9
S. L. 8	3. 10. 1915	30. 3. 1916	38000	174	20	4 × 210 PS Maybach	19300	25,1
S. L. 10	15. 10. 1915	19. 5. 1916	38000	174	20	4 × 240 PS Maybach	21470	25,1
S. L. 20	5. 11. 1916	10. 9. 1917	56000	198	23	5 × 240 PS Maybach	35500	28,1
S. L. 22	12. 10. 1917	5. 6. 1918	56000	198	23	5 × 240 PS Maybach	37500	28,1

Bei einem Vergleich der einander etwa entsprechenden Schiffsklassen stellt sich oft bei den Z-Schiffen eine größere Nutzlast heraus, die jedoch bei den SL-Schiffen durch eine höhere Geschwindigkeit wieder ausgeglichen wird. Die Gegenüberstellung der entsprechenden Typen gibt folgendes Bild:

Z-Schiffe			SL-Schiffe		
Inhalt cbm	Nutzlast kg	Geschwindigkeit m/sec	Inhalt cbm	Nutzlast kg	Geschwindigkeit m/sec
19300	6500	16	19000	5000	19
19500	7050	20,5			
25000	11000	22,1	25000	7870	24,5
35800	17500	25	35000	15700	25,9
56000	40000	32	56000	37500	28,1

Dieser Ausgleich an Leistungen bei den SL-Schiffen durch erhöhte Geschwindigkeit ist bei den letzten und größeren Bauten nicht mehr ersichtlich. Es unterliegt also keinem Zweifel, daß bei den maßgebenden Schiffen von Schütte-Lanz eine wesentliche Unterlegenheit den Z-Schiffen gegenüber zu konstatieren ist, soweit es sich um die Nutzlast und um die Geschwindigkeit handelt. Der Fachmann weiß jedoch, daß hiermit die Leistungen noch nicht erschöpft sind, und es dürfte ebenfalls keinen Zweifel darüber geben, daß das Gerippe bei Schütte-Lanz statisch besser durchgearbeitet war und eine höhere Widerstandsfähigkeit besaß. Diese vorläufig nur als Ansicht geäußerte Kritik wird in dem statischen Teile dieses Buches näher erläutert werden.

Die Gegensätze zwischen „Zeppelin" und „Schütte-Lanz" haben besonders im letztvergangenen Jahre eine die Öffentlichkeit eigenartig berührende Austragung in den Fachzeitungen gefunden. Wer die Entwicklung der deutschen Luftschiffe schildern will, kann diese Gegensätze nicht mit Stillschweigen übergehen. Der objektiven Tendenz dieses Buches entsprechend geben wir eine durchaus leidenschaftslose, von allem Persönlichen freie Auslassung darüber wieder, die aus dem Vortrage des Herrn Dr. Rühl, Oberingenieur bei „Schütte-Lanz", vor dem Amsterdamer Ingenieurinstitut — 29. November 1919 — stammt. Der Vortragende sagte wörtlich:

„Zeppelin und seine Mitarbeiter haben das überragende Verdienst, zum ersten Male ein brauchbares Starrluftschiff gebaut zu haben. An der Weiterentwicklung der Starrluftschiffe bis zu ihrer heutigen Vollkommenheit ist aber der Luftfahrzeugbau ‚Schütte-Lanz' mit besonderem Erfolg beteiligt, und die wichtigsten Punkte, auf die seine Arbeit von wesentlichem Einfluß gewesen ist, sind folgende:

1. Die günstige Form geringsten Widerstandes,
2. Die einfachen Dämpfungs- und Ruderflächen,
3. Die unstarre Gondelaufhängung,
4. Die Lagerung der Luftschrauben unmittelbar auf den Gondeln mit Stirnräderantrieb.
5. Der innenliegende Laufgang,
6. Die seitlichen Gondeln,
7. Gasabführung durch Schächte nach dem Rücken des Schiffes.

Diese Merkmale, die heute allen Motorluftschiffen eigen sind, finden sich zum ersten Male vereinigt bei dem Schütte-Lanz-Luftschiff SL 2, das seine erste Fahrt im Februar 1914 machte. In diesem Sinne ist der SL 2 bahnbrechend für den Starrluftschiffbau der Welt geworden."

Dies wären also die Hauptpunkte, bei denen „Schütte-Lanz" die Priorität beansprucht. Die Entscheidung liegt jedoch bei den Gerichten, sofern sich bei dem Durcheinander der Idealkonkurrenz zwischen der derzeitigen Heeres- und Marineleitung noch endgültige Schlüsse ziehen lassen.

Den ersten Punkt können wir nicht gelten lassen, — aus schon vorher angegebenen Gründen und — weil die Ausführung der Stromlinienform zur Demonstrierung ihres Wertes nicht mehr erforderlich war. Das überragende Verdienst des Grafen Zeppelin liegt ferner nicht nur darin, daß er zum ersten Male ein brauchbares Starrluftschiff gebaut hat, sondern vielmehr auch darin, daß er als Erster den praktischen Beweis von der Notwendigkeit des Bauens ins Große gegeben hat. Dieses Verdienst kann nur derjenige voll würdigen, der den Widerstand selbst von Fachkreisen gegen die Durchsetzung „zu großzügiger“ Ideen in jahrelanger Kleinarbeit kennengelernt hat. Zeppelin sagt selbst: „Dieser geringe Auftrieb in Luft nötigte gleich anfangs zum Bauen in so gewaltiger Größe, daß ich den bald eintretenden allgemeinen Zweifel an der Gesundheit meines Verstandes voraussah.“

Ebenfalls muß andererseits wieder hervorgehoben werden, daß Zeppelin und seine Mitarbeiter sowohl was den konstruktiven Aufbau des Gesamtschiffskörpers als auch das Material betrifft, konsequent geblieben sind, wohingegen Schütte und seine Mitarbeiter von der Holzkonstruktion erst zur kombinierten Bauweise und schließlich ganz zum Duraluminium übergingen.

Was nun die Einzelgewichte eines solchen Schiffes betrifft, so geben wir in folgenden Zeilen die von Dr. Rühl im Anschluß an seinen Vortrag veröffentlichten Daten über ein Schütte-Lanz-Holzschiff von 56000 cbm Gasinhalt, einer Länge von 198 m, einem Größtdurchmesser von 23 m, ausgerüstet mit 5 Motoren von je 240 PS:

Holzgerippe mit Verspannung	12900 kg
Zellen	3380 „
Außenhülle	1870 „
Dämpfungsflächen, Ruder, Steuerleitung	1070 „
Maschinengondeln und Führergondel	1860 „
Sicherheits- und Manövrierventile	340 „
Motoren- und Maschinenanlage	4540 „
Benzinbehälter und Leitungen	480 „
Ballastsäcke	350 „
Verschiedenes (Gondelaufhängung, Verankerungsseile, Kommandoelemente, Beleuchtung und FT-Einrichtung)	1030 „
Gesamtes Totgewicht	27820 kg

3. Entwicklungsmöglichkeiten.

Schon im Anfange des Jahres 1914 wurden auf der Zeppelinwerft in Friedrichshafen umfangreiche Ermittlungen angestellt über die Entwicklungsmöglichkeiten der Starrschiffe. Diese Untersuchungen erstreckten sich auf alle Faktoren und Bedingungen, die wesentlich oder unwesentlich die Leistungen der Luftschiffe beeinflussen. Die Arbeiten wurden jedoch nicht im Hauptwerk erledigt, sondern in der damaligen Abteilung Do — d. h. Dornier —, die später nur mit Flugzeugbau beschäftigt wurde und in neuester Zeit unter der Firma „Dornier-Metallbauten G. m. b. H.“ allgemein bekannt geworden ist.

Dornier als wissenschaftlich gebildeter, aus dem Eisenbau hervorgegangener Ingenieur war damals schon der Ansicht, daß im Luftschiffbau mehr gerechnet werden müßte, und daß das vorzugsweise gefühlsmäßige Arbeiten einiger älterer Friedrichshafener Herren allmählich und mehr und mehr zurückzutreten hätte, um konkurrenzfähig zu bleiben. Tatsächlich existierte damals in Friedrichshafen weder ein eigentliches Projekt- noch ein statisches Bureau, so daß sich ab 1914 die neue Abteilung Do ganz zwangsläufig als Spezialabteilung des Grafen Zeppelin entwickelte. Hier ist besonders der Leichtträgerbau sehr gefördert worden, und umfangreiche Gewichts- und vergleichende Festigkeitsberechnungen wurden aufgestellt, um das für die Überquerung des Atlantik günstigste Großschiff aus Stahl bzw. Duraluminium zu schaffen. Nach Ausbruch des Krieges beschäftigte sich die Abteilung zuerst mit der Projektierung und Detailkonstruktion kleiner Luftkreuzer aus Stahlblech, bis plötzlich auf das Drängen des Grafen hin der Bau von Riesenflugzeugen aufgenommen werden mußte.

Wenn man bedenkt, daß einschließlich Vorstand alle der Abteilung Angehörigen im Bau von Flugzeugen unerfahren waren, daß ohne Übergang gleich in Riesenausmaßen — 40 m Spannweite — gebaut werden sollte, daß weiter ein im Flugzeugbau noch nicht erprobtes Material, nämlich Stahl, verwendet und daß schließlich kein normaler Typ, sondern ein Flugboot entstehen sollte, so wird man mit Berücksichtigung der schon gegen Ende des Jahres 1916 einsetzenden Erfolge der Initiative und Energie des Grafen sowie der Zähigkeit und dem Wagemut seiner Mitarbeiter die Anerkennung nicht versagen.

Die im Anfange dieses Kapitels erwähnten Untersuchungen fanden ihren öffentlichen Ausdruck in den Vorträgen des Grafen Zeppelin und des Dipl.-Ing. Dornier vor der schiffbautechnischen Gesellschaft im Sommer 1914 in Friedrichshafen. Diese Vorträge befaßten sich mit der Entwicklung der Zeppelin-Schiffe bis zur Sachsenklasse und brachten alle wichtigen Daten, Ereignisse, Angaben über Gewichte, Geschwindigkeit, Konstruktion, Maschinenanlage, Reisewege, Nutzlasten und sonstige Leistungen. Besonders der Dorniersche Vortrag war jedoch aktuell durch die Unterlagen, welche die weitere Entwicklung der Starrschiffe nachwiesen. Diese Unterlagen sind später zum Teil in der Zeitschrift für Flugtechnik und Motorluftschiffahrt veröffentlicht worden und sind deshalb von bleibendem Werte, weil besonders die Größenentwicklung und die damit verbundene Leistungssteigerung allen vorausgegangenen Berechnungen recht gegeben hat.

Durch diese Arbeiten der Abt. Do, an denen der Verfasser keinen unwesentlichen Anteil hatte, wurde zum ersten Male zahlenmäßig nachgewiesen, daß der stärkste Einfluß auf die Steigerung der Leistung eines Luftschiffes durch die Vergrößerung des Volumens ausgeübt wird. Die bis dahin hartnäckig vertretene Behauptung des Grafen Zeppelin war damit — vorläufig allerdings nur auf dem Papier — unter Beweis gestellt worden. Auf diese hauptsächliche sowie auf die sonstigen Entwicklungsmöglichkeiten wird in den folgenden Ausführungen näher eingegangen werden.

Grundgleichung für Motor-Luftschiffe.

Drückt man die Hubkraft eines Luftschiffes durch die kurze Gleichung

$$H = V \cdot s$$

aus, so bedeuten darin: V den nutzbaren Gasraum des Schiffes, s den Auftriebskoeffizienten. Der Wert s als Ausdruck der Gewichtsdifferenz der Raumeinheiten, und zwar zwischen Außenluft und dem Füllgas Wasserstoff wird zahlenmäßig dargestellt durch:

$$s = 1{,}293 - 0{,}090 = 1{,}203,$$

d. h. bei chemisch reinem Wasserstoff, 0^0 C und 760 mm Quecksilbersäule. Als praktisch brauchbarer Zahlenwert gilt 1,15.

Von der Hubkraft des Schiffes sind die nach unten ziehenden Gewichte sowie alle sonstigen Lasten in Abzug zu bringen. Diese „Abtriebsgewichte" setzen sich wie folgt zusammen:

1. Das Eigengewicht des Schiffes.

Hierzu gehört beim Starrschiffe in erster Linie das Gerippe mit seinen Ring- und Längsträgern, der Haupt- und Nebenverspannung mit den erforderlichen Anschlüssen, Laschen, Stößen und Vernietungen; ferner gehört hierher das Gewicht der Innenzellen sowie der Außenhaut; die gesamte Steueranlage mit den beweglichen und festen Steuerflächen, den Rudern und Stabilisatoren, die Gondeln mit ihren festen Zubehören, alle Einbauten für die Unterbringung von Mannschaft und Passagieren Navigations-, FT- und sonstige Apparate, Verankerungsseile usw.

2. Das Gewicht der Maschinenanlage.

Die für den Antrieb oder Vortrieb bestimmte Anlage besteht aus den Motoren und ihrem Einbau, den Betriebsstoffbehältern und zugehörigen Leitungen, den erforderlichen Getrieben einschließlich Verkleidungen und den vorhandenen Propellern.

3. Die erforderlichen Betriebsstoffe.

Zur Festlegung des Ausdrucks für die Nutzlast, durch welche die Leistung eines Schiffes am sinnfälligsten dargestellt werden kann, werden die nachstehenden Bezeichnungen eingeführt:

G = gesamtes Eigengewicht,
k_m = Einheitsgewicht der Maschinenanlagen,
k_b = Verbrauch an Brennstoffen pro PS-Stunde,
$M = k_m \cdot N_e$ in kg = Gesamtgewicht einer Anlage von N_e PS,
$B = k_b \cdot N_e \cdot t$ in kg = Gesamtgewicht der für t-Stunden mitgeführten Brennstoffe.

Die nach Abzug aller toten Lasten übrig bleibende Nutzlast eines Schiffes ergibt sich damit als die Differenz

$$N_u = H - G - M - B$$

oder

$$N_u = H - G - N_e \cdot (k_m + k_b \cdot t).$$

Der Wert N_e ist eine Zahl und bedeutet die Anzahl der effektiven Pferdekräfte, also

$$N_e \text{ PS} = N_e \cdot 75 \frac{\text{mkg}}{\text{sec}}.$$

Der durch N_e Pferdekräfte ausgeübte Vortrieb eines Schiffes muß mindestens gleich sein dem durch die Luftkräfte und ihre Reibung am Schiffskörper verursachten Fahrtwiderstand W multipliziert mit der Geschwindigkeit v des Schiffes, denn bei der Gleichstellung der beiden Produkte

$$N_e \cdot 75 \text{ in } \frac{\text{mkg}}{\text{sec}} = W \cdot v \text{ in } \frac{\text{mkg}}{\text{sec}}$$

handelt es sich in beiden Fällen um Arbeitsleistungen pro Sekunde. Da nicht die volle Arbeitsleistung der Motoren auf die Schraubenwelle übertragen wird, so ist der Wert $N_e \cdot 75$ noch mit dem Wirkungsgrade η der Anlage zu multiplizieren, so daß sich ergibt:

$$\eta \cdot N_e \cdot 75 = W \cdot v$$

oder

$$N_e = \frac{W \cdot v}{\eta \cdot 75}.$$

Diese aus dem Maschinenbau bekannte Gleichung für die Ermittlung der erforderlichen Motorenstärke erfährt hier noch eine Erweiterung dadurch, daß der Luft- oder Fahrtwiderstand W ausgedrückt wird durch

$$W = cv^2,$$

also durch das Quadrat der Geschwindigkeit multipliziert mit einer Widerstandszahl c, die in Wirklichkeit die Zusammenfassung mehrerer Werte ist und auf die im Abschnitte „Praktische Aerodynamik“ näher eingegangen werden wird. Damit erscheint N_e in der Form

$$N_e = \frac{c \cdot v^3}{\eta \cdot 75}$$

und die Schlußformel lautet:

$$N_u = H - G - \frac{c \cdot v^3}{\eta \cdot 75} \cdot (k_m + k_b \cdot t).$$

Diese von Dornier zusammengestellte Gleichung zählt in kurzer Form alle diejenigen Werte auf, die bekannt sein bzw. ermittelt werden müssen, um die verfügbare Traglast eines Schiffes zu erhalten.

Im Anfange der praktischen Luftschiffahrt, die nach meinem Ermessen etwa mit dem Jahre 1913 beginnt, handelte es sich darum, die möglichen und voraussichtlichen Verbesserungen der einzelnen in obiger Gleichung auftretenden Teilwerte zu bestimmen oder zu schätzen, um damit den Einfluß auf die gesamte Leistungssteigerung angeben zu können. Zur Einführung in diese Untersuchungen wollen wir zuerst die Abhängigkeit der Leistung eines Schiffes von seiner Geschwindigkeit klären.

A. Reisewege und Nutzlasten in Abhängigkeit von der Schiffsgeschwindigkeit.

Nach der Formel

$$N_e = \frac{c \cdot v^3}{\eta \cdot 75}$$

wächst die erforderliche PS-Zahl mit der 3. Potenz der Geschwindigkeit. Handelt es sich um Vergleichswerte bei demselben Schiffe, so sind außer 75 auch c und η konstant, und es verhalten sich die erforderlichen PS-Stärken wie die dritten Potenzen der zugehörigen Geschwindigkeiten:

$$\frac{N_1}{N_2} = \frac{v_1^3}{v_2^3}.$$

Bei der Sachsenklasse, d. h. Schiffen von etwa 21000 cbm Volumen, wurde eine durchschnittliche „Marschgeschwindigkeit" von 72 km pro Stunde erreicht, die bei Einsetzung aller Motoren auf 81 km gesteigert werden konnte. Würde es sich darum handeln, die Geschwindigkeit bei einem solchen Schiffe auf nur 54 km zu ermäßigen, so sind statt 630 PS, wie sie für 81 km erforderlich waren, nur

$$N_e = \frac{15{,}0^3}{22{,}5^3} \cdot 630 = 187 \text{ PS}$$

einzusetzen.

[81 bzw. 54 $\frac{\text{km}}{\text{St}}$ sind als $\frac{81}{3{,}6} = 22{,}5$ bzw. $\frac{54}{3{,}6} = 15 \frac{\text{m}}{\text{sek}}$ eingeführt.]

Unter Voraussetzung eines Betriebsstoffverbrauches von 240 g pro PS-Stunde und mit Rücksicht darauf, daß der Sachsentyp im äußersten Falle etwa 6200 kg an Brennstoffen mitführen konnte, ergibt sich für das schnelle Schiff ein Stundenverbrauch von $630 \cdot 0{,}240 = 151$ kg, eine längste Fahrtdauer von $\frac{6200}{151} = 41$ Stunden und eine Reichweite von $41 \cdot 81 = 3300$ km.

Die entsprechenden Werte für das langsame Schiff betragen jedoch:

$$187 \cdot 0{,}240 = 45 \text{ kg Stundenverbrauch,}$$

$$\frac{6200}{45} = 138 \text{ Stunden Fahrtdauer,}$$

$$138 \cdot 54 = 7450 \text{ km Reichweite.}$$

Das wesentlich langsamer fahrende Schiff legt also bei demselben Brennstoffverbrauch eine erheblich größere Strecke zurück als das schnellere Schiff, und zwar ist der Zuwachs an Reichweite etwa $\frac{7450 - 3300}{3300} = 1{,}25$fach (125%). Andererseits könnte das langsame Schiff, falls für dasselbe auch nur ein Reiseweg von 3300 km in Frage käme, eine erheblich größere Nutzlast befördern.

3300 km erfordern bei 54 km Stundengeschwindigkeit nur eine Fahrzeit von $\frac{3300}{54} = 61$ Stunden; hierbei werden bei einem Stundenverbrauch von 45 kg insgesamt

$$45 \cdot 61 = 2740 \text{ kg}$$

an Brennstoffen verzehrt. Während also das schnelle Schiff nur Betriebsmittel mitnehmen kann, um 3300 km zu bewältigen, hat das langsame noch 6200 — 2740 = 3460 kg an Nutzlast frei zur Verfügung.

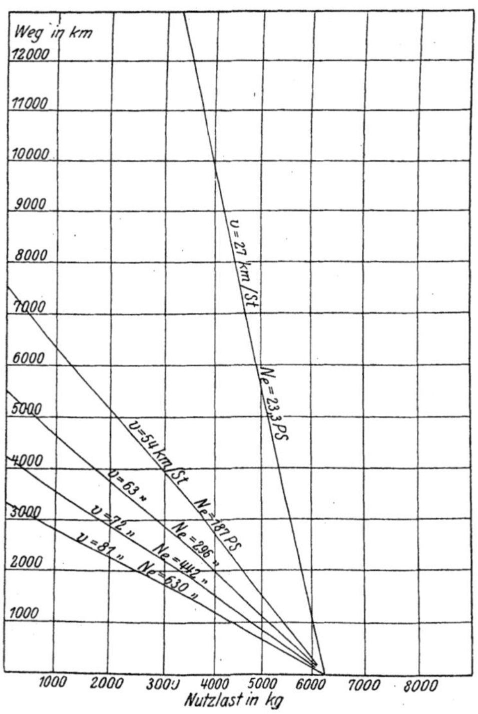

Abb. 1.

Diese Verhältnisse sind in dem folgenden Diagramm zusammengestellt, bei dem die Ergebnisse in der soeben gezeigten Weise gewonnen wurden. Die Nutzlasten werden auf der Abszissenachse abgelesen, die Reichweiten auf der Ordinatenachse. Die Leistungen sind berechnet für 54, 63, 72 und 81 km Geschwindigkeit.

Sollen z. B. 2000 kg befördert werden, so legt damit das Schiff bei 81 km Stundengeschwindigkeit 2300 km zurück, bei 72 km Geschwindigkeit fast 3000 km, bei 63 km Geschwindigkeit fast 4000 km und bei nur 54 km Geschwindigkeit über 5000 km.

Um diese Verhältnisse recht zu charakterisieren, ist der Grenzwert ausgerechnet, den ein Schiff von der Sachsenklasse erreichen würde, falls dasselbe nur mit der Geschwindigkeit des ersten Z-Schiffes fahren wollte. Für die Darstellung dieses Wertes reicht das gezeichnete Diagramm nicht aus, denn es handelt sich um eine Strecke von 30000 km.

Dieser Wert hat selbstverständlich nur eine rein theoretische Bedeutung, denn je geringer die Geschwindigkeit, um so größer ist der Einfluß des Gegenwindes, und deshalb und auch aus anderen wirtschaftlichen Gründen darf die Schiffsgeschwindigkeit eine gewisse Mindestgrenze nicht unterschreiten.

Durch die vorhergehenden Betrachtungen wird jedoch festgelegt, daß beim Luftschiff die Steigerung der Geschwindigkeit, soweit sie durch Einsetzen von mehr oder stärkeren Motoren hervorgerufen wird, weder eine Verlängerung des Reiseweges noch eine Erhöhung der Nutzlast bringt, da die aufzuwendenden Betriebsmittel zu stark anwachsen. Es herrscht hier also der Grundsatz:

„Je langsamer ich fliege, um so größere Strecken kann ich bewältigen.“

Wir sehen hier einen der wesentlichsten Gegensätze zum Flugzeug, bei dem durch Motor und Propeller nicht nur Vortrieb, sondern auch Auftrieb geleistet werden müssen.

B. Steigerung der Leistung durch Verbesserung der Form des Schiffes.

Im engen Zusammenhange mit der Geschwindigkeit des Schiffes stehen die Widerstandsverhältnisse, wie im Abschnitte „Praktische Aerodynamik“ näher ausgeführt ist. Wird in der dort behandelten „Volumenformel“ für den Schiffswiderstand

$$W = k \cdot \frac{\gamma}{g} \cdot V^{\frac{2}{3}} \cdot \frac{v^2}{2}$$

die rechte Seite der Gleichung durch den kürzeren Ausdruck $c \cdot v^2$ ersetzt, so bedeutet

$$c = k \cdot \frac{\gamma}{2g} \cdot V^{\frac{2}{3}}.$$

Die Größe dieses Produktes für die Sachsenklasse, bei der noch die zylindrische Form vorherrschte, war 3, wie kurz nachgewiesen werden kann.

Die mit L. Z. 10 also in natürlicher Größe unternommenen Auslaufversuche ergaben für die Widerstandszahl k den Zahlenwert 0,0652, der den von Fuhrmann gemessenen Modellwert um etwa 80% übertraf, welche Abweichung auf die Größe der schädlichen Widerstände am fertigen Schiffe zurückzuführen war. Setzt man den Wert von k, ferner die Werte $\frac{\gamma}{g} = \frac{1}{8}$ und $V = 20000$ in den Ausdruck für c ein, so erhält man:

$$c = 0{,}0652 \cdot \frac{1}{8} \cdot 20000^{\frac{2}{3}} \cdot \frac{1}{2} = 3.$$

Durch die vorauszusehende Annäherung der Form des zylindrischen Schiffes an die Stromlinie war schon 1914 mit einer Verringerung des Widerstandes und dadurch mit einer Steigerung der Leistung zu rechnen. Um diese Leistungssteigerung zu demonstrieren, wurde mit einer bald zu erwartenden Verringerung des Sammelwertes c um 10% das nachfolgende Diagramm entworfen, das im engen Zusammenhange mit dem vorhergehenden steht und ebenfalls für ein Schiff der Sachsenklasse gezeichnet ist. Die ausgezogenen Linien zeigen die Leistungsverhältnisse entsprechend dem Faktor $c = 3{,}0$, die gestrichelten diejenigen entsprechend $c = 2{,}70$.

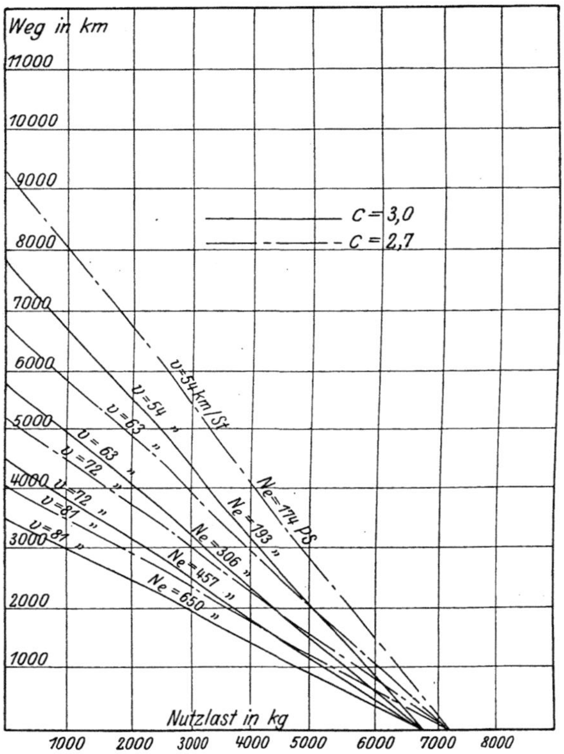

Abb. 2.

Der erste Gewinn zeigt sich in einer Verringerung des Leistungsbedarfs, welche ebenfalls 10% betragen muß. Daraus resultiert zwangsläufig eine Ersparnis an Betriebsstoffen, die entweder zur Nutzlast zugeschlagen werden kann oder zur Vergrößerung der Reisewege dient.

Die erreichten Grenzwerte bei dem Schiffe mit geringerem Widerstande sind 9200, 6800, 5200 und 4100 km gegenüber 7800, 5800, 4400 und 3500 km bei dem Schiffe mit um 10% größerem Widerstande, aber von sonst gleichen Eigenschaften. Wird andererseits ein Reiseweg von 5000 km gefordert, so bleiben überdies folgende Nutzlasten frei:

$c = 3{,}0$:

bei	81 km/St	. . . . . $N_u = 0$
„	72 „	. . . . . $N_u = 0$
„	63 „	. . . . . $N_u = 1000$ kg
„	54 „	. . . . . $N_u = 2500$ „

$c = 2{,}70$:

bei	81 km/St	. . . . . $N_u = 0$
„	72 „	. . . . . $N_u = 0$
„	63 „	. . . . . $N_u = \sim 2000$ kg
„	54 „	. . . . . $N_u =$ 3300 „

Die letzten Zahlen zeigen besonders deutlich den großen Einfluß der Verbesserung der Form auf die Leistungen der Schiffe, noch dazu, wo es sich bei diesem Beispiel nur um eine zehnprozentige Verbesserung der Widerstandszahl handelte, welche in Wirklichkeit im Laufe der bald darauf einsetzenden Entwicklung noch wesentlich überboten wurde.

C. Einfluß der Verbesserung von Propellerwirkungsgrad, Motor-, Getriebe- und Betriebsstoffgewicht auf die Leistung eines Schiffes.

Der vor etwa 10 Jahren erreichte Propellerwirkungsgrad ging nicht über 0,70 hinaus. Diesem gegenüber wurde mit einem verbesserten Wirkungsgrade von 0,80 gerechnet. Wenn wir nun auch heute Luftschraubenanlagen haben, bei denen eine übertragende Leistung von 85 bis 88% angenommen werden kann, so handelt es sich bei Luftschiffen doch meist oder wenigstens oft um hintereinander arbeitende Schrauben, die sich selbst bei größerem Abstande gegenseitig beeinflussen. Man wird also auch heute trotz des höheren Wirkungsgrades der Einzelschraube nur mit einer Wirkung von 75 bis 80% der Gesamtanlage rechnen dürfen, so daß die damalig geschätzte Verbesserung als durchaus zeitgemäß angesehen werden muß.

Für das Einheitsgewicht der Maschinenanlage, das bei der Sachsenklasse noch 6 kg pro PS betrug, wurde der Wert $k_m = 4$ kg pro PS zugrunde gelegt. Dieser Wert scheint für heutige Verhältnisse noch reichlich hoch zu sein, ist es jedoch in Wirklichkeit nicht. Wenn man allerdings nur mit dem reinen Motorengewichte rechnet, so dürfte $k_m = 1{,}6$ kg pro PS ein guter Durchschnittswert sein. Hierhin gehören jedoch auch Propeller, Getriebe, Behälter, Leitungen, ferner die bei großen Fahrten für die Beleuchtung, Belüftung, Heizung und ähnliche Zwecke erforderlichen Anlagen. Das Einheitsgewicht der maschinellen Gesamtanlagen eines Schiffes betrug bei den Volumina von 60000 cbm ziemlich genau 5 kg pro PS. Dieser Wert kann nach genauen Ermittlungen bei größeren neuen Projekten auf 4 bis 3,5 kg pro PS gedrückt werden, so daß 4 kg pro PS als ein durchaus moderner Mittelwert angesprochen werden muß.

Was schließlich den hierbei ebenfalls berücksichtigten Brennstoffverbrauch pro PS-Stunde betrifft, so wurde mit $k_b = 200$ g statt mit 240 g gerechnet. Auch dieser Wert ist bis heute noch nicht überholt worden.

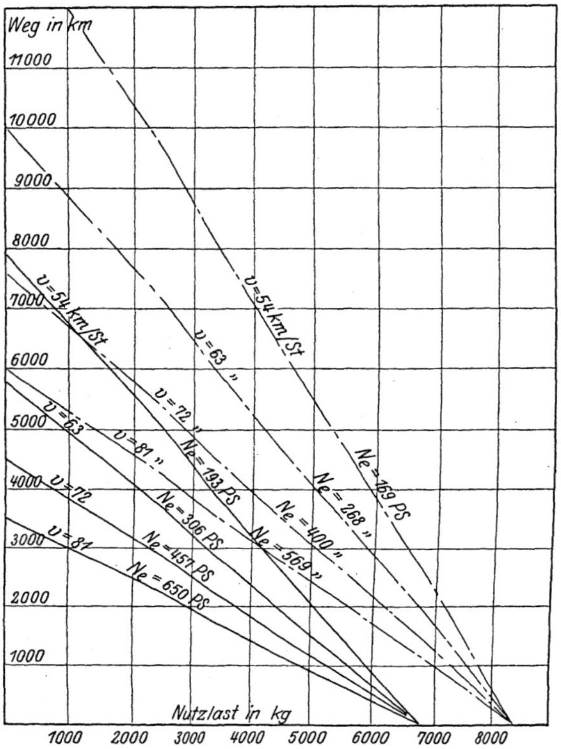

Abb. 3.

Das nebenstehende Diagramm zeigt nun die den alten Verhältnissen entsprechenden Leistungen in den ausgezogenen Linien, die Berücksichtigung der modernen Werte jedoch in den gestrichelten Linien. Die Bestimmung der für die Auftragung der Linien erforderlichen Zahlenwerte erfolgte in der oben erläuterten Weise.

Es ergibt sich zuerst eine Abnahme der PS-Zahl, und zwar entsprechend dem Verhältnis $\frac{0{,}7}{0{,}8}$, sodann kommen sowohl die Ersparnisse an totem Maschinengewicht als auch an Brennstoffen der Nutzlast bzw. den Reichweiten zugute. Die letzteren betragen, falls also von jeder besonderen Nutzlast abgesehen wird, beim alten Schiffe:

3500 km	entsprechend	81	km/St.
4500 „	„	72	„
5800 „	„	63	„
7900 „	„	54	„

Beim verbesserten Schiffe:

60000 km	entsprechend	81	km/St.
7600 „	„	72	„
9900 „	„	63	„
über 13000 „	„	54	„

Mit Bezug auf die schon seinerzeit als für wahrscheinlich gehaltenen Verbesserungen von Motor und Zubehör, die noch dazu von der Motorenindustrie in wenigen Jahren durchaus erreicht wurden, muß die dargestellte Leistungssteigerung als wahrhaft verblüffend bezeichnet werden. Daß diese Leistungen nicht in die Erscheinung traten, ist einzig darauf zurückzuführen, daß die bei Beginn des Krieges für ausreichend gehaltenen Geschwindigkeiten durch die Forderungen der Zeit schnell überholt wurden. Da die erforderliche PS-Zahl mit der 3. Potenz der geforderten Geschwindigkeit steigt, so leuchtet ohne weiteres ein, daß die hierfür aufzuwendenden Gewichte für die Maschinenanlage, besonders jedoch für die Brennstoffmengen ein großer Hemmschuh für die sonstige Entwicklung sein mußten.

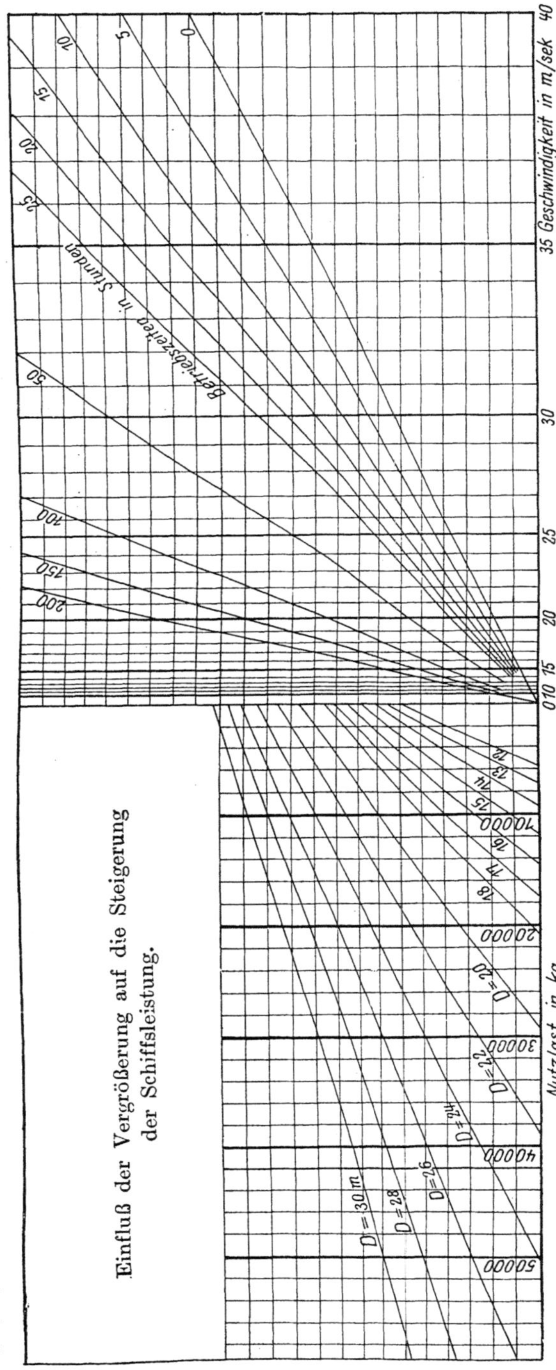

Einfluß der Vergrößerung auf die Steigerung der Schiffsleistung.

Abb. 4.

D. Einfluß der Vergrößerung auf die Steigerung der Schiffsleistung.

Bei Zusammenstellung des hierhin gehörigen Diagramms lagen sämtliche Gewichts- und Leistungsdaten von ausgeführten Schiffen mit 11,0 bis

16,60 m Durchmesser vor. Genauere Gewichtsermittlungen wurden angestellt für Schiffe mit 22 bis 25 m Durchmesser, während solche für Schiffe bis 30 m Durchmesser auf Grund der vorhandenen Unterlagen geschätzt werden konnten. Was die erforderlichen Widerstandszahlen betrifft, so lagen diese Beiwerte sowohl durch in Göttingen ausgeführte Modellversuche als auch durch die mit den Schiffen in natürlicher Größe unternommenen Auslaufversuche ebenfalls fest, noch dazu, wo sich diese Untersuchungen nur auf Schiffe ähnlicher Form bezogen von dem damaligen Streckungsverhältnis 1 : 10. Nachdem eine große Anzahl der einzelnen Summenglieder in der Grundgleichung für Motorschiffe berechnet war, konnten genügend Zwischenwerte durch Interpolation gefunden werden, so daß damit das folgende Hauptdiagramm gezeichnet werden konnte für das Ablesen der Nutzlasten, Reisewege oder Betriebszeiten. Noch sei hervorgehoben, daß den Berechnungen nicht die verbesserten Werte der einzelnen die Leistungen beeinflussenden Faktoren zugrunde gelegt wurden, sondern die folgenden Zahlenwerte: Auftriebskoeffizient = 1,10; $\eta = 0{,}70$; $k_m = 6$ kg/PS; $k_b = 0{,}24$ kg/PS. In den Ergebnissen des Diagrammes sehen wir also nur diejenigen Steigerungen der Leistungen, die auf das Anwachsen des Volumens und damit der Hubkraft zurückzuführen sind.

Das Schaubild besteht aus 2 Teilen; der linke Teil zeigt die sog. „Kennlinien" der Schiffe bis 30 m Durchmesser bzw. bis 300 m Länge, als Abszissen sind die Nutzlasten in kg aufgetragen. Der rechte Teil enthält die Linien der maschinellen Anlagen sowie des Betriebsstoffverbrauches, fortgeführt bis zu 200 Stunden Fahrtzeit. Als Abszissen sind rechts die Geschwindigkeiten in m/sec aufgetragen.

Für ein Ablesungsbeispiel seien Reiseweg und Geschwindigkeit gegeben. Gesucht werden die Nutzlasten, die mit den einzelnen Schiffen zu erreichen sind.

Reiseweg = 4500 km, Geschwindigkeit = 90 km/St.

Damit ist gleichzeitig die Betriebsdauer $t = \frac{4500}{90} = 50$ Stunden gegeben. Aufgesucht wird im rechten Teile der Schnittpunkt der gegebenen Geschwindigkeitsordinate $90 : 3{,}6 = 25$ m/sec mit der zugehörigen Zeitlinie $t = 50$. Von diesem Punkte aus gehen wir parallel zur Abszissenachse auf die linke Seite des Diagrammes und bestimmen die Schnittpunkte dieser Horizontalen mit den Kennlinien der Schiffe bzw. die zu diesen Schnittpunkten gehörenden Abschnitte auf der Nutzlastskala. Die ermittelten Werte sind:

m =	22 m ...	24 m ...	26 m ...	28 m ...	30 m
Ne =	1600 kg ...	5500 kg ...	10000 kg ...	15500 kg ...	22300 kg.

Bei Vergrößerung des Durchmessers von 22 auf 30 m steigt also die Nutzlast von 1600 kg auf 22300 kg, d. h. auf das 14fache.

2. Beispiel: Gegeben sei die zu befördernde Nutzlast in Höhe von 20000 kg und die Geschwindigkeit $v = 100$ km/St. = 27,8 m/sec. Gesucht seien die zu erreichenden Betriebszeiten, sowie die zugehörigen Reisewege.

Wie die linke Seite des Diagrammes zeigt, werden Nutzlasten von 20000 kg erst bei Schiffen über 18 m Durchmesser erreicht. Werden die Schnittpunkte der Schiffskennlinien mit der Ordinate über 20000 kg nach rechts hinübergelotet, und zwar auf die zu 27,8 gehörige Geschwindigkeitsordinate, so zeigt sich vor allem, daß man erst beim Schiffe von 22 m Durchmesser von einer Betriebsdauer sprechen kann, falls gleichzeitig eine so bedeutende Nutzlast befördert werden soll. Im übrigen gehören zu den einzelnen Schiffen folgende Betriebszeiten und damit Reisewege:

D =	22	24	26	28	30 m
t =	$2^1/_2$	12	20	25	32 Stunden
Wege =	250	1200	2000	2500	3200 km.

Da der angegebene Durchmesser allein keine erschöpfende Vorstellung von der Größe des Schiffes gibt, so seien diese Leistungssteigerungen gegenübergestellt den wachsenden Rauminhalten der Schiffe. Die „Sachsen“ als Vertreterin des zylindrischen Schiffes hatte bei 14,8 m Durchmesser und 149 m Länge einen Rauminhalt von 20800 cbm, während der zugehörige umschriebene Zylinder $\pi \cdot \frac{14{,}8^2}{4} \cdot 149 = 25\,600$ cbm faßte. Das Verhältnis beider Inhalte beträgt $\frac{20\,800}{25\,600} = 0{,}815$. Da die den hier vorgetragenen Berechnungen zugrunde gelegten Schiffe sämtlich das Streckungsverhältnis 1 : 10 und überdies ähnliche Form beibehalten sollten, so wird, um die einzelnen Volumina zu erhalten, jeweilig der Inhaltswert des umbeschriebenen Zylinders mit dem Faktor 0,815 zu multiplizieren sein. Auf diese Weise ergeben sich für die Schiffe von 20, 22, 24, 26, 28 und 30 m Durchmesser folgende Volumina: 51200, 88500, 112500, 141000, 173000 cbm.

Verfolgen wir den Sprung vom 22-m-Durchmesser-Schiff mit 88500 cbm Rauminhalt auf dasjenige von 30 m Durchmesser mit etwa dem doppelten Inhalte, so ergibt sich nach dem 1. Beispiel bei einer Strecke von 4500 m und bei 90 km Stundengeschwindigkeit eine Steigerung der Nutzlast um den 13fachen Betrag.

Diese Leistungssteigerung kann nicht hoch genug eingeschätzt werden, wenn man bedenkt, daß es sich hier um einen Gewinn handelt, der gewissermaßen als kostenlose Zugabe erscheint, da er bei der Vergrößerung als selbstverständlich nebenher läuft, ohne jede Anstrengung auf gewichtlichem, konstruktivem, maschinentechnischem oder sonstigem Detailgebiete.

Das Diagramm ist, wie oben schon hervorgehoben, auf Unterlagen aufgebaut, die dem konstruktiven, maschinentechnischen und dem sonstigen Erfahrungsstande der Luftschiffindustrie vor 8 bis 10 Jahren entsprechen. Es leuchtet ohne weiteres ein, welche Leistungen erzielt werden können, falls gleichzeitig mit der Vergrößerung der Schiffe die Fortschritte der neueren Zeit berücksichtigt werden, die in den voraufgegangenen Diagrammen Abb. 1 bis 3 zur Darstellung kamen.

Noch während des Weltkrieges waren Stundengeschwindigkeiten von 90 bis 100 km recht beachtenswerte Leistungen, wohingegen seit den Fahrten der „Bodensee“ mittlere Stundengeschwindigkeiten von 120 km und Grenzgeschwindigkeiten von 130 bis 140 km als selbstverständliche Forderungen gelten. Die hemmende Wirkung im Gefolge der Geschwindigkeitssteigerung wird unterstützt durch die Forderung nach ausreichender Steighöhe nicht nur beim Kriegs-, sondern auch beim Verkehrs-Luftschiffe wegen einer möglichst dehnbaren senkrechten Fahrstraße. Diese letztere Forderung hat ja bekanntlich die deutsche Kriegsluftschiffahrt trotz sonstiger glänzender Fahrtleistungen schon vor dem Kriegsende abgeschnürt, weil wegen der fortschreitenden Entwicklung der Abwehrmittel derartige Steighöhen erforderlich waren, daß die praktische Nutzlast gleich Null wurde.

Der hiermit zum Abschluß kommende Teil über Entwicklungsmöglichkeiten behandelt diese nicht erschöpfend, da an dieser Stelle auf die durch Steigerung der Geschwindigkeit gegebenen Hemmungen und ihre Aufhebung durch die Ausbildung der Stromlinienform nicht weiter eingegangen wird. Der Abschnitt zeigt die Entwicklungsmöglichkeiten ähnlicher Schiffsformen und beweist durch das Erreichte, daß die Voraussagungen in bezug auf die Leistungen sich auf dem Boden der Tatsachen bewegten.

4. Allgemeiner konstruktiver Aufbau und konstruktive Einzelheiten.

Die Beschreibung eines modernen Starrschiffes nimmt Bezug auf die nachfolgende Darstellung eines solchen Schiffes in der Seitenansicht.

Das betriebsfertige Schiff besteht aus folgenden Teilen:

1. Dem Traggerüst, Gerippe oder Schiffsrumpf nebst den zugehörigen Trägern und Verspannungen;

2. den Zellen, die im Innern des Traggerüstes angeordnet sind, und die das tragende Wasserstoffgas enthalten;

3. der äußeren Hülle oder der Außenhaut, als Verkleidung bzw. Bespannung des Gerippes;

4. den Gondeln, und zwar als Maschinen-, Führer- und Passagiergondeln;

5. den Steuerorganen, und zwar den horizontalen und vertikalen Dämpfungsflächen, den zugehörigen Rudern und Steuerleitungen;

6. der in den Gondeln untergebrachten Maschinenanlage;

7. den Brennstoffbehältern und zugehörigen Leitungen;

8. den sogenannten besonderen Einzelgewichten für Navigationsinstrumente, FT-Einrichtung, Verankerungsseile u. a. m.

9. den für die Unterbringung von Passagieren und Mannschaften erforderlichen Einbauten;

10. den Ballastbehältern.

Das **Gerippe** als der Hauptbestandteil des Starrschiffes in statischer, konstruktiver und gewichtlicher Beziehung ist in seinem Auf- und Zusammenbau ein räumliches Flechtwerk Föpplscher Art, wie es von „Müller-Breslau" beim Beginne der Starrschiffentwicklung vorgeschlagen und von allen Starrschiffbauern eingeführt wurde. Sämtliche Träger liegen in der Mantelebene des Tragkörpers und sind dort verspannt. Nach den Enden zu gleicht die Anordnung der Träger steilen Schwedlerschen Kuppeln, wie man überhaupt das ganze Gerippe als eine Kombination zweier Schwedlerkuppeln auffassen kann, die einen gemeinsamen Fußring besitzen.

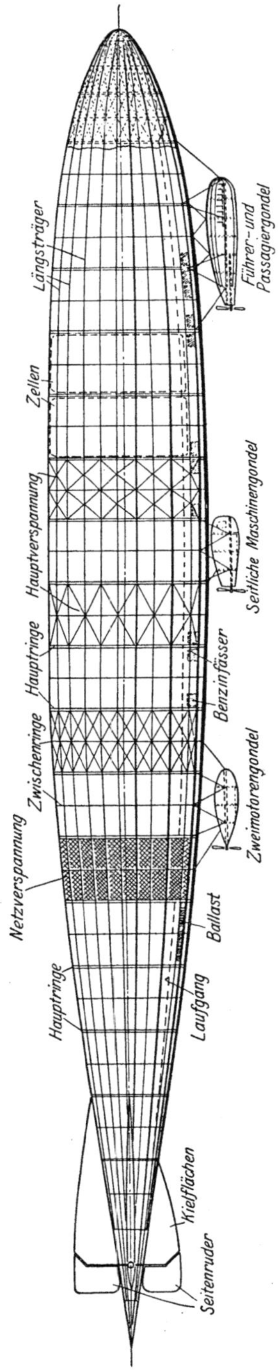

Abb. 5.

Die wichtigsten Bestandteile des Gerippes sind die Ringe und Längsträger. Im Anfange des Starrschiffbaues hatten die Ringe, deren Ebenen senkrecht zur Längsachse des Schiffes liegen, einen Abstand von 8, dann von 10 m, während jetzt bei Großschiffbauten und neueren Projekten Abstände von 12 und 15 m vorgesehen sind. Bei Abständen von 10 m ab und überhaupt bei allen neueren Schiffen sind diese Entfernungen noch einmal durch Zwischenringe unterteilt, in der

Hauptsache deshalb, um die Längsträger noch einmal zu unterstützen und damit die Knicklänge zu halbieren. (Bei dem 1923/24 in Friedrichshafen für Amerika gebauten Schiffe beträgt der Abstand der Hauptringe 15 m und der der Zwischenringe 5 m).

Verspannt sind nur die Hauptringe, die Zwischenringe nicht. Man unterscheidet die Tangential- von der Radialverspannung. Bei der ersteren sind sämtliche Ecken des Ringes mit Ecken verbunden, bei der letzteren laufen sämtliche Verspannungsdrähte zur Mitte des Ringes. Die an dem Tragkörper angreifenden äußeren Lasten, in erster Linie also die Lagerdrücke oder -züge der abgestützten oder aufgehängten Gondeln mit ihren schweren konzentrierten Maschinenaggregaten, werden zuerst auf die Hauptringe übertragen, die demnach als die Hauptkonstruktionsteile des ganzen Gerippes anzusprechen sind.

Über die Ecken der Haupt- und Nebenringe hinweg laufen die Längsträger in Richtung der Längsachse des Schiffes und vereinen sich am Bug und Heck zu einem steifen kuppelartigen Abschluß. Die Längsträger oder wenigstens die Außengurte der fachwerkartigen Längsträger müssen über die Ringträger hinweglaufen und nicht etwa umgekehrt, weil sich wohl Längsrippen, nicht aber Querrippen am fertig bespannten Schiffe markieren dürfen, und zwar des sonst wesentlich höheren Luftwiderstandes wegen. Die durch die geschilderte Anordnung der Ring- und Längsträger entstehenden rechteckigen Gefache in der Mantelebene des Tragkörpers werden durch Doppeldiagonalen — Drähte oder Kabel — ausgekreuzt, wodurch die Hauptverspannung entsteht. Außer dieser sind noch netzartige Nebenverspannungen vorhanden, die unter demselben Winkel Ring- und Längsträger verbinden und die zur Unterteilung der Gefache erforderlich sind, um die Stoffe der Innenzellen zu entlasten. Es entstehen dadurch Rhomben von etwa $^1/_2$ m Seitenlänge.

Ein wichtiger Bestandteil des Gerippes sowie des Schiffes überhaupt wird durch den Laufgang dargestellt. Der Laufgang zieht sich durch die ganze Länge des Schiffes; er befindet sich im tiefsten Punkte des Schiffes, hat einen dreieckigen Durchschnitt und eine solche Höhe, daß man aufrecht darin stehen kann, ohne beim Gehen an vorstehende Konstruktionsteile anzustoßen. Der Laufgang trat früher aus dem Schiffsinnern heraus und gab so dem Schiffe eine durchlaufende Kielfläche; bei den neueren Schiffen ist er in das Innere des Schiffes verlegt. Nach den Behauptungen des Luftschiffbau Schütte-Lanz ist der innenliegende Laufgang schon im Sommer 1908 von Professor Schütte dem Grafen Zeppelin vorgeschlagen und zuerst bei dem SL 2 im Jahre 1913 ausgeführt worden.

Bei den Großschiffen des Heeres und der Marine, die man nach den letzten Typen gemeinhin mit 60 t-Schiffen bezeichnet, war die gesamte

Nutzlast, die sich darstellte in den Brennstoffen, im Wasserballast und in der Munition bzw. den Bomben, und die etwa 40000 kg betrug, in dem Laufgang untergebracht und dort rationell verteilt, um möglichst gleichwertige Ringbelastungen zu schaffen. Bei den Verkehrsschiffen der Neuzeit wird der Laufgang insofern etwas entlastet werden, als derjenige Teil der Nutzlast, der für die zu befördernden Passagiere mit Gepäck reserviert werden muß, meist in einer besonderen ein- oder angebauten Passagiergondel oder -kabine untergebracht wird.

Der Laufgang ist also der direkte Träger und Aufnehmer der freien Lasten und gibt sie hauptsächlich über die Ringe an den verspannten Rohrträger des Gerippes ab, außerdem stellt er, wie schon sein Name sagt, den Verbindungsgang zu allen denjenigen Stellen des Schiffes dar, die einer Wartung, Kontrolle oder gelegentlichen Reparatur bedürfen.

Die einzelnen Unterabteilungen des Tragkörpers, welche begrenzt werden durch die Innenverspannungen zweier benachbarter Hauptringe sowie durch die Außenverspannungen des in der Mantelebene liegenden Tragwerkes, werden durch die Zellen ausgefüllt, die also mit Ausnahme des dreieckigen Ausschnittes für den Laufgangträger eine zylindrische Form haben. Die mit Wasserstoff gefüllten Zellen, die eigentlichen Träger des Luftschiffes also, pressen sich fest gegen die Ring- und Diagonalverspannung der Außenträger und legen sich dicht um die verspannten Gurt- und Füllträger des Laufganges herum. Die Zellen sind sozusagen die lebenswichtigsten oder Atmungsorgane des Schiffes; wegen der wechselnden Höhenlage, wegen der Veränderlichkeit der Temperatur, wegen der Unstetigkeit der Atmosphäre überhaupt muß die Anpassungsfähigkeit der Zellenvolumina unter allen Umständen gesichert sein. Die hierzu erforderlichen Ventile teilt man in Sicherheits- und Manövrierventile ein. Für jede Zelle ist unten ein Sicherheits- und oben ein Manövrierventil vorgesehen.

Wenn man bei der Beschreibung der Zellen ist, kann man nicht auf die Erwähnung der Gasschächte verzichten. Sie sind in der Zusammenstellung des Herrn Dr. Rühl als 7. Prioritätsanspruch enthalten. Diese Gasschächte stellen die Verbindung her zwischen den Sicherheitsventilen am unteren Rande der Zellen und dem First des Schiffes, um das entweichende Gas sofort und direkt aus dem Schiffsinnern in die freie Atmosphäre abzuführen. Durch die Gasschächte steht das Schiffsinnere in steter Verbindung mit der Außenluft, und ist das Schiff in Fahrt, so wird ganz zwangsläufig eine Saugwirkung entstehen, die mit der Geschwindigkeit des Schiffes wächst und die das angesaugte Gasgemisch im Fahrtstrom aus dem Bereich des Schiffes nach hinten befördert.

Daß diese Gasabführung nach dem Rücken des Schiffes als eine restlose Beseitigung der Knallgasgefahr angesehen werden kann, wird sogar von den Vertretern der Starrschiffe nicht angenommen.

Das Material der Zellen ist jetzt fast durchgängig Stoffhaut. Die Fabrikation der Zellen erfolgte für den Luftschiffbau Schütte-Lanz bei der Ballonfabrik Riedinger in Augsburg, für den Luftschiffbau Zeppelin bei dessen Tochtergesellschaft in Tempelhof bei Berlin. Über Gewicht, Festigkeit und Dichtigkeit dieser Stoffe wird später berichtet werden.

Die Außenhaut des Schiffes besteht aus einfachem Rohstoff, wie der Bespannungsstoff der Flugzeugflügel. Diese Hülle hat kein Gas von der Außenluft abzuschließen; sie braucht demnach nicht gasdicht zu sein, sondern umspannt nur möglichst prall die nach außen heraustretenden und sich auch noch unter der Hülle markierenden Längsträger des Traggerüstes. Der glatte Abschluß ist unbedingt erforderlich, um den Luftwiderstand auf ein Minimum zu reduzieren; aus demselben Grunde wird die Außenhaut auch zelloniert, um die Reibung der bewegten Außenluft an der Oberfläche auf ein Geringstmaß zu bringen.

Die Gondeln sind durch Seile am Gerippe aufgehängt und gleichzeitig durch Knickstützen auf solide Knotenpunkte der Hauptringe abgestützt. Man unterscheidet die mittschiffs in der Kiellinie sitzenden Gondeln von den seitlich angeordneten. Man unterscheidet aber auch bezüglich der Unterbringung der Motoren in Ein- und Zweimotoren-Gondeln. Die Gondeln haben bei Landungen zuerst die Erschütterungen und Stöße aufzunehmen. Bei stärkeren Landungsstößen kommt es auch zuerst zum Bruch der absteifenden Knickstützen, wodurch der Stoß abgedämpft wird, und die Zerstörung der Gondel und vor allem des Traggerüstes vermieden werden soll. Läßt sich die letztere nicht verhindern, so werden meist, wenn es sich auch nur um lokale Verletzungen handelt, durch die springenden Drähte auch die Außenhaut und vor allem Zellen mehr oder weniger stark beschädigt. Nach der Größe der Beschädigung richtet sich dann auch die Größe der Reparatur, die im Auswechseln ganzer Träger samt den zugehörigen Verspannungen sowie dem Ersatz ganzer Zellen bestehen kann, falls nicht sogar ganze Abteilungen des Gerippes zu demontieren und neu einzubauen sind.

Unten zeigen die Gondeln einen bootartigen Abschluß, der beim Anwassern durch das Schwimmen der Gondeln eine wesentliche Entlastung für das ganze Schiff gestattet, welche Möglichkeit bei stark belasteten Schiffen, d. h. nach großen Gasverlusten, als sehr vorteilhafte Begleiterscheinung anzusprechen ist.

Bei allen Luftschiffbaufirmen ist der konstruktiven Durchbildung der Gondeln besondere Aufmerksamkeit geschenkt worden. Die metallenen Gondeln sind im allgemeinen nach dem Prinzip des Bootsbaues konstruiert, indem einzelne Querspanten, die gleichzeitig die Lagerung für die Motoren bilden, mit Duraluminblech verkleidet werden. Die hölzernen Gondeln der SL-Schiffe bestehen aus einem Gerippe von hohlen Holzstäben, die nach Art von Ringen und Längsstäben zusammengefügt und mit Sperrholz verkleidet sind. Der Boden besteht ähnlich wie bei Flugzeugrümpfen aus einem Rost von Längs- und Querhölzern, der durch eine starke Sperrholzplatte abgedeckt ist, um das Begehen zu ermöglichen. Schließlich ist die ganze Gondel noch mit leichtem Ballonstoff bespannt. Die äußere Form der Gondeln wird selbstverständlich möglichst windschnittig gehalten.

Die wichtigsten Teile der Steuerorgane am Schiffe sind die Dämpfungsflächen mit den daran hängenden Ruderklappen. Die horizontalen Dämpfungsflächen oder Stabilisatoren wie die vertikalen Dämpfungs- oder Kielflächen wachsen organisch aus dem Schiffsgerippe heraus. Diese Flächen haben in erster Linie die Aufgabe, den Lauf des Schiffes möglichst ruhig und stabil zu gestalten. Die horizontalen Dämpfungsflächen wirken wie die Tragflächen eines Flugzeuges und können bei sachgemäßer Form und Anordnung das dynamische Hubvermögen eines Schiffes beträchtlich steigern. Ebenso wie diese Flächen nun plötzlichen Richtungsänderungen in der vertikalen Fahrstraße mit Widerstand begegnen, ebenso widersetzen sich die Kielflächen einem plötzlichen Wechsel in der horizontalen Fahrstraße. Die Dämpfungsflächen schaffen nicht nur einen ruhigen Fahrtverlauf, sondern würden bei hinreichender Ausbildung auch ein Drehen des Schiffes um die Längsachse wie um die senkrecht dazu stehende Querachse verhindern können.

Den organischen Abschluß einer jeden festen Fläche bildet die zugehörige bewegliche Ruderklappe. Der Gesamtquerschnitt ist, soweit es die an sich sehr gestreckte Form der Flächen erlaubt, möglichst windschnittig gehalten. Um einen möglichst großen Hebelarm für die Steuerwirkung zu erhalten und damit die jeweilige Geringstgröße für die Ruderflächen, sind die letzteren möglichst weit nach hinten anzuordnen. Trotzdem kommen bei den Typen von 60 t schon Auslegerlängen der Flächen von 6 m und mehr vor. Da diese weiten Ausladungen übermäßig starke Querschnitte erfordern würden, sind die Ausleger durch Drahtseile, die nach dem Fundamentring der Ruder laufen, abgefangen. Immerhin bietet die Anbringung großer Stabilisatoren und Ruder gerade beim Starrschiff ganz erhebliche Schwierigkeiten, da sich beim Ansatz der großen ausladenden Flächen der Querschnitt des Schiffes schon zu stark verjüngt hat und Trägheits- bzw. Widerstandsmoment der Aufnahme großer Kräfte nicht mehr gewachsen sind.

Die Dämpfungs- und Ruderflächen sind auch, rein gewichtlich gesprochen, von wesentlicher Bedeutung, da sie bei den bisherigen Großschiffen etwa 8% des Gerippegewichtes ausmachten.

Die Einzelheiten der Maschinenanlage wenn auch in großen Zügen zu beschreiben, würde hier zu weit führen; dieselbe hat auch mit dem konstruktiven Aufbau des Schiffes nichts zu tun und bildet überdies ein Gebiet für sich. Bei den Schiffen von etwa 60 t Hubkraft betrug das Gewicht von 5 Motoren von je 250 PS einschließlich Propeller, Einbau bzw. Lagerung, Getriebe und sonstigem Zubehör $4^1/_2$ t, wozu noch das Gewicht der Benzinbehälter und Leitungen mit 500 kg trat, so daß das Gewicht der ganzen Maschinenanlage mit 5 t anzusetzen ist, d. h. pro Motor mit 1000 kg und in Prozenten des gesamten Totgewichtes ausgedrückt: 18%. Bei den großen Handels- und Verkehrsschiffen der Zukunft wird sich mit der Vergrößerung auch das Maschinengewicht günstiger gestalten; man wird bei Schiffen von 200000 bis 300000 cbm mit 4 kg pro PS rechnen können, wie in dem Abschnitte über die Verbesserung der Maschinenanlage schon hervorgehoben wurde.

Was die Einbauten für die Unterbringung und Bequemlichkeit von Passagieren und Mannschaften betrifft, so ist bei den bisherigen Kriegsschiffen hierauf naturgemäß so gut wie gar keine Rücksicht genommen worden. Bei den modernen Verkehrsschiffen muß hierfür etwa in Form einer größeren Gondel gesorgt werden, oder es muß, wie bei der „Bodensee", eine umfangreiche Kabine in das Traggerüst des Schiffes — etwa durch Erweiterung des Laufganges — eingebaut werden[1]). Die hierfür aufzuwendenden Gewichte sind zuerst ganz wesentlich unterschätzt worden. So waren für das erste Großschiff, das gleich nach dem Kriege für Rechnung Amerikas in Friedrichshafen gebaut werden sollte — das zwar nicht ausgeführt wurde, aber hinreichend durchgearbeitet war, um abschließend über die einzelnen Gewichte urteilen zu können — für 30 zu befördernde Passagiere folgende Gewichte als erforderlich angesetzt:

Für 30 Personen einschl. Gepäck.	3000 kg
„ zugehörige Einbauten und Ausstattung . . .	3500 kg

Diese Gewichte sprechen eine sehr deutliche Sprache. Legt man dieselben für die Zukunftsschiffe des starren Typs zugrunde, so wird demnach die tatsächliche oder Nettonutzlast, d. h. die einzig gewinnbringende Nutzlast, noch um mehr als die Hälfte reduziert für Lasten, die bei der bisherigen Entwicklung der Luftschiffbauten als Kriegsfahrzeuge nur eine ganz untergeordnete Rolle spielten.

5. Der Träger- und Gerippebau sowie seine Entwicklung.

Der Leichtmetallbau ist in Deutschland besonders durch Junkers und Dornier gefördert und auf seine jetzige im In- und Auslande anerkannte Höhe gebracht worden. Schon vom Jahre 1917 ab ist auch bei anderen Firmen die Aufnahme des Metallbaues zu beobachten, es hat sich dort jedoch fast durchgängig um bloße Übernahme oder um starke Anlehnung an das schon Geschaffene gehandelt.

[1]) Wie auch die Fahrgast- und Führergondel beim Z. R. 3.

Da dem Verfasser die Entwicklung der Abteilung Dornier und die in dieser ausgeführten Arbeiten aus eigener Tätigkeit bekannt sind, werden diese naturgemäß hier besonders beleuchtet werden.

Wie schon in dem Abschnitte über die Entwicklung der Zeppelinluftschiffe kurz geschildert wurde, ist die jetzige Firma „Dornier-Metallbauten G. m. b. H." Ende 1913 als „Abteilung Do", d. h. als besondere Versuchs-, Projekt- und Werkstattabteilung in Friedrichshafen eingerichtet worden. Nach Ausbruch des Krieges wurde die Abteilung nach Seemoos bei Friedrichshafen verlegt. Hier blieb bei späterem Anwachsen der Abteilung nur die Montage, für die schon 1914/15 eine größere Halle entstand, während die Fabrikation der Einzelteile in Lindau-Reutin erfolgte.

Um eventuellen Entgegenhaltungen gleich von vornherein vorzubeugen, sei besonders betont, daß es sich hier zuerst einmal darum handelt, die Entwicklung des Leichtträgers zu schildern, und daß es für diesen Zweck absolut bedeutungslos bleibt, ob dieser oder jener in der Abteilung Dornier geschaffene Träger im Luftschiff oder im Flugzeug Verwendung fand, oder ob die Fabrikation in Stahl deshalb schon einfach totgeschwiegen werden müßte, weil überhaupt kein Schiff in Stahl gebaut worden ist. Um gleich etwas Grundsätzliches festzulegen, was dem Fachmanne vielleicht überflüssig erscheinen möchte, so herrschen bei der Konstruktion und Fabrikation eines solchen Trägers genau dieselben Prinzipien, ganz gleichgültig, ob es sich um seine Verwendung als Längs- und Ringträger im Luftschiff oder als Holmträger im Flugzeug handelt.

Auf Anordnung des Grafen Zeppelin befaßte sich Dornier in der ersten Zeit vorzugsweise mit der Fabrikation von Stahlträgern, um das Konstruktionsmaterial für den ersten Überseekreuzer zu schaffen. Das Material war besonders gehärteter Stahl von einer Bruchfestigkeit, die sich zwischen 120 und 150 kg pro qmm bewegte. Der Stahl wurde in Blechbändern von den verschiedensten Stärken, und zwar von 0,25, 0,30, 0,35, ... 1,0, 1,2, 1,5 mm bezogen und in der Abteilung „Do" auf der Ziehbank in die gewünschte Form gebracht. Für diesen Zweck hatte Dornier eine Anzahl Spezialprofile entworfen, die jedoch längst überholt sind.

Die sogenannten offenen Profile, die als einfache **⊏**- und **Γ**-Profile damals schon vom Dürener Werk bezogen werden konnten, hatten nicht die genügende Formsteifigkeit. Bei einem nur auf Zug beanspruchten Stabe spielt dies keine Rolle, jedoch bei allen auf Biegung und Knicken beanspruchten Stäben, d. h. also bei der Mehrzahl der im Luftfahrzeugbau verwendeten. Dieser Nachteil der dünnen Profile wurde erst recht fühlbar durch die Einführung des Duralumins mit seiner das Aluminium um 100% übertreffenden Festigkeit und in noch erhöhtem Maße bei hochwertigem Stahl mit einer Festigkeit von 120 bis 150 kg pro qmm.

Das einfachste Mittel, um ein Profil formsteif zu machen, besteht darin, demselben eine Wellenform zu geben. Dieses Mittel ist nicht etwa erst durch den Luftschiffbau der Fachwelt bekannt geworden, sondern durch das Wellblech schon längst bekannt. Auch bei dem gewellten Eisenblech handelt es sich oft um Stärken, die unterhalb eines Millimeters liegen, und das nicht nur als Belagblech, sondern auch als Trägerwellblech verwendet werden kann, sofern nur die Wellenhöhe eine entsprechende ist. Die Höhe der Welle versteift also nicht nur das Profil, sondern erhöht auch noch seine Tragfähigkeit.

Dornier wollte nun gleich einen doppelten Gewinn erzielen. Er gab dem Profil nicht nur eine Wellenform, indem er die Stahlbänder durch ein entsprechend profiliertes Werkzeug auf der Ziehbank zog, er bildete das Profil auch gleichzeitig als Doppelprofil aus. In der Hauptsache wurden 2 Profile in großen Mengen und in den verschiedensten Abmessungen und Stärken hergestellt und als Gurte von Trägern verarbeitet, das sogenannte **K**-Profil und das **Γ**-Profil.

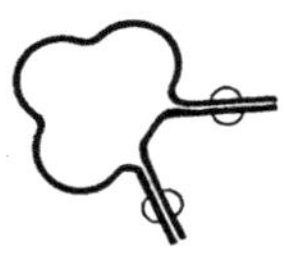

Abb. 6.

Abb. 7.

Das **K**-Profil zeigte 3 durchgehende Wellen und hatte 2 Ansätze oder Lappen zum Anschlusse der Füllstäbe. Es bestand aus 2 Teilen, dem Außenprofil und der inneren Einlage. Das Winkelprofil bestand ebenfalls aus einem Außen- und einem Innenprofil; es war nicht scharf, sondern unter einem sanften Radius abgebogen, der sich im übrigen ganz nach der Stärke des Profiles richtete, es zeigte 2 durchgehende Abkantungen, und es hatte ebenfalls 2 ebene Ansätze zum Anschluss der Füllglieder. Diese Doppelprofile mußten erst einmal für sich selbst vernietet werden, und zwar kamen für jedes Profil 2 Nietnähte in Frage. Es ist ohne weiteres klar, daß für diese umfangreichen Nietarbeiten nur das maschinelle Nieten in Betracht kam, und es wurden damals auch gleich 3 solcher Nietmaschinen bei „Schuler“ in Göppingen bestellt und nach den Angaben Dorniers hergestellt, obgleich die Fabrikation noch nicht geklärt war. Diese Nietmaschinen hatten eine äußerst verwickelte Arbeit zu leisten, und zwar mußten sie zuerst den eingeführten Doppellappen lochen, sodann den Nietdraht zuführen, einführen und abschneiden, schließlich nieten und die Nietköpfe bilden. Eine der Hauptschwierigkeiten bestand darin, die gelochten Profillappen in gleicher Spannung in der Führung zu halten und weiter zu leiten und zwar so, daß sich bis zur Einführung des Nietdrahtes das obere Loch mit dem unteren deckte. Nach vieler unverdrossener Arbeit gelang es schließlich doch, aller Schwierigkeiten Herr zu werden.

Ein wesentlicher Nachteil dieser Profile bestand in den exzentrischen Anschlüssen infolge der einseitigen Lappenausbildung, und zwar mit Bezug auf die Einzelanschlüsse der Profile als Gurte der Träger als auch auf die Anschlüsse der Träger selbst und ihre Zusammenführungen und sonstigen Kombinationen. Abgesehen von den Nebenspannungen in den Gurten infolge der Exzentrizität waren Knotenpunkte und Durchdringungen der räumlichen Träger oft von einer erschreckenden konstruktiven Kompliziertheit.

Was die Tragfähigkeit der Träger aus diesen Profilen betrifft, so waren sie denen von normaler Ausbildung wenn auch nicht wesentlich so doch immerhin nennenswert überlegen. Die Fabrikation in Stahl schlief jedoch allmählich ein, und zwar hauptsächlich wegen der abnehmenden Güte des Materials mit zunehmender Kriegsdauer, keineswegs jedoch deshalb, weil sich Stahl etwa nicht geeignet hätte. Es ist offensichtlich, daß man den Bau in Stahl aufgeben mußte mit dem Momente, wo er nur noch eine Festigkeit von etwa 60 kg pro qmm besaß, wo er also beinahe vom Duralumin mit 40 kg pro qmm Festigkeit erreicht wurde. Legt man, um einen ungefähren Anhalt zu haben, die alte Wertungsformel $\frac{k_z}{\gamma}$ zugrunde, so steht dem Werte für Stahl mit $\frac{60}{7{,}85} = 7{,}65$ derjenige für Duralumin mit $\frac{40}{2{,}8} = 14{,}3$ gegenüber, demnach würde bei einem so geringen Stahlwerte eine Überlegenheit des Duralumins von $\sim$ 100% zu konstatieren sein.

Bei dieser Gelegenheit soll auch kurz auf die Wertigkeit der Materialien bezüglich ihrer Eignung für Luftfahrzeugbauten eingegangen werden. Schon in seiner „Statik im Flugzeugbau", die 1916 geschrieben wurde, machte Verfasser auf den Aufsatz „Holz als Konstruktionsmaterial der Luftschiffahrt" von Dipl.-Ing. Steinitz — Zeitschr. f. Flugtechnik u. Motorluftschiffahrt, H. 7, Jahrg. 1914 — aufmerksam und betonte die Unwirklichkeit solcher Schlüsse allgemeiner Natur. Steinitz stellt 3 Wertungsziffern auf, und zwar:

1. $\frac{k_b}{\gamma}$ als maßgebend für reine Zug- und Druckbeanspruchung,
2. $\frac{k_b^{\frac{2}{3}}}{\gamma}$ „ „ „ „ Biegung,
3. $\frac{\sqrt{E}}{\gamma}$ „ „ „ „ Knickbeanspruchung.

Gegen diese Wertungsformeln an sich läßt sich nichts sagen, vergegenwärtigen wir uns jedoch die Steinitzsche Schlußfolgerung, „daß das Holz dazu berufen ist, im Flugzeug- und Luftschiffbau die führende

Rolle zu übernehmen", so sehen wir, daß die tatsächliche Entwicklung gerade den entgegengesetzten Verlauf genommen hat.

Ebenso sehen wir, wie auch der Schöpfer der Schütte-Lanz-Schiffe, obgleich mit dem Rüstzeug wissenschaftlicher Logik ausgestattet, sich in seinen gewiß nicht kleinen Hoffnungen und Voraussagungen über die Eignung und die Vorzüge des Holzes für Luftschiffbauten durchaus irrte.

Wir kehren nach diesem kleinen Umwege zu der Trägerfabrikation in der Abteilung Do zurück.

Nach der Einstellung der Stahlbearbeitung wurden Träger mit **K**- und Doppelwinkelgurten noch längere Zeit in Duraluminium ausgeführt. Jetzt gehören wohl sämtliche Doppelprofile der Vergangenheit an und haben nur noch geschichtlichen Wert. Erleichtert wurde die Trägerausbildung durch die sprungweise Vergrößerung der Luftschiffe und Flugzeuge und durch das damit Hand in Hand gehende Anwachsen der aufzunehmenden Lasten und Beanspruchungen. Es wurden dadurch Querschnitte erforderlich mit solchen Stärken, daß in den meisten Fällen geringe Abkantungen der einfachen offenen Profile genügten, um die hinreichende Formsteifigkeit zu erzielen. So zeigen die folgenden Skizzen die im modernen Luftschiff- und Flugzeugbau überaus häufig als Gurte verwendeten Profile.

Besonders das 2. und 3. Profil ist im Profilbuch des Dürener Werkes in allen möglichen Abmessungen und Stärken vertreten.

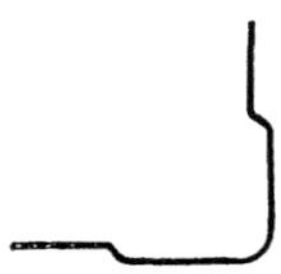

Abb. 8.

Abb. 9.

Abb. 10.

Was die Träger selbst betrifft, so hat sich neben dem Fachwerkträger auch der vollwandige Kastenträger mehr und mehr eingeführt und entwickelt. Abb. 11 zeigt in *a* den Querschnitt und in *b* die Längsansicht eines solchen Trägers.

Die vollen Wandungen enthalten kreisförmige sogenannte „Erleichterungslöcher", die an ihrem Rande aus Steifigkeitsgründen aufgekantet

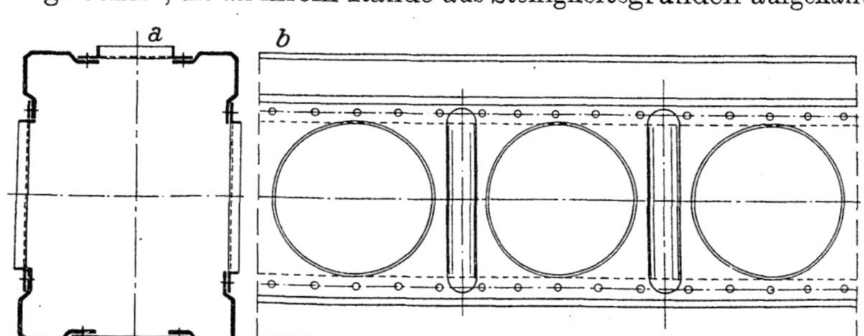

Abb. 11.

sind. Ferner läuft in jedem Zwischenraum zwischen 2 Ausschnitten eine Welle von Gurt zu Gurt. Wichtig ist, daß diese Wellen nicht vor dem Gurt aufhören, sondern noch den Anschlußlappen des Winkels bedecken, wodurch viel zur Versteifung beigetragen wird.

Um eine Anschauung von der Stärke und dem Gewichte eines solchen Trägers zu geben, sei erwähnt, daß bis 1,0 auch 1,5 mm Stärke der Gurtwinkel eine Stärke der Wandungen von $^3/_4$ mm genügt. Nehmen wir für eine normale Ausführung eine Gurtstärke von 1,0 mm und eine Schenkellänge von 22 mm an, so ergibt sich bei einem spezifischen Gewicht von 2,8 ein Gesamtgewicht des Trägers von:

$4 \cdot 2{,}2 \cdot 2 \cdot 0{,}028 = 0{,}492$ kg für die Gurte,
Zuschlag von $\sim 100\%$ $= 0{,}508$ „ „ „ Wandungen
1,0 kg pro lfd. m.

Was das Gewicht der Wandungen betrifft, so ist dasselbe natürlich in erster Linie von der Höhe und Breite des Trägers abhängig, doch dürfte ein Zuschlag von etwa 100% einen ausreichenden Mittelwert darstellen. Um jedem Irrtum vorzubeugen, sei besonders betont, daß das Gewicht der Seitenbleche selbstverständlich ebenfalls genau ermittelt wird und nicht einfach zugeschlagen.

Ein Durchschnittswert für die Höhe dieser Träger ist $h = \frac{1}{25}\,l$, doch wird dieser Wert oft noch unterschritten.

Wie auch sonst im Eisenbau wird von einer gewissen Trägergröße ab die Ausführung als vollwandiger Träger zu schwer und unwirtschaftlich, es beginnt dann das Gebiet des Fachwerkträgers. Die schwer beanspruchten Ring- und Längsträger im Luftschiffe sind bis in die neueste Zeit hinein als Dreikantträger ausgebildet worden. Bei einem Vierkantträger besonders von dünnen Gurtprofilen liegt die Gefahr des Verdrehens vor, da er im Querschnitte ein offenes verschiebliches Viereck darstellt. Deshalb wurde der im Querschnitte unverschiebliche Dreieckträger gewählt. Damit ist natürlich nicht gesagt, daß bei den Großschiffen der Zukunft der Vierkantträger nicht verwendet werden dürfte, da erstens bei einem schweren Träger die Deformationsgefahr geringer wird und der Gefahr der zu starken Verdrehung durch Einziehen von Diagonalen vorgebeugt werden kann.

Der Kastenträger bietet bessere Konstruktions- und Anschlußmöglichkeiten, als der in dieser Beziehung schwer zu behandelnde Dreieckträger. Außerdem ist der letztere wohl der gegebene Träger, falls die Lastrichtung bei Querbelastung konstant bleibt, so daß Druckgurt immer Druckgurt und Zuggurt immer Zuggurt bleibt. Da dies bei den wechselnden Belastungen im verspannten Gerippe nicht immer zutrifft, so sind die Dreikantträger trotz ihrer Vorzüge jedenfalls noch nicht die für alle Verhältnisse passenden Träger im Luftschiffbau.

Die Füllungen der Träger bestehen fast durchgängig aus einfachen Wellen, die an ihren Enden durch 2 Nieten mit den Gurtwinkeln verbunden sind. Das Dürener Profilbuch zeigt hierin eine große Reichhaltigkeit, und zwar ist 0,7 mm die Stärke der größten Profile. Folgende Skizze zeigt eine Normalausführung eines solchen Trägers, bei dem durch abwechselnd steigende und fallende Diagonalen der wechselnden Belastung Rechnung getragen ist[1].)

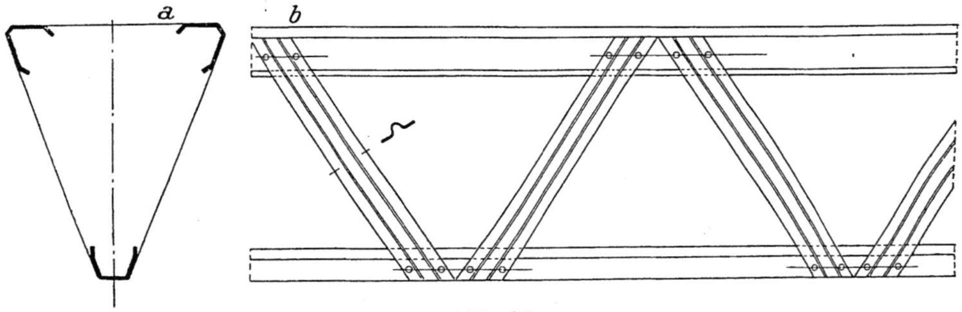

Abb. 12.

Es lassen sich schon sehr widerstandsfähige Träger mit einem Gewichte von 500 bis 600 g pro lfd. m herstellen. Das Gewicht der Füllungen schwankt sehr. Unter eine gewisse Stärke kann man bei den Wellen schlecht gehen, so daß bei dünnen Gurten oft 100 und mehr Prozent des Gurtgewichtes für die Füllungen einzusetzen sind. Sind die Gurte jedoch sehr stark — und man wird bei modernen Großbauten nicht nur an Blechstärken von 2,0 mm herankommen, sondern dieselben sogar noch überschreiten — so geht das Füllungsgewicht infolge der wesentlich geringeren Stärke erheblich zurück, so daß man bei solchen Trägern nicht nur mit 50 bis 60%, wie bei den jetzigen schwereren Trägern von etwa 1,50 kg/m ab, wird rechnen können, sondern mit 25 bis 30% des Gurtgewichtes. Was das Gewicht der Füllungen betrifft, so bietet die Verwendung des Dreikantträgers wieder Vorteile dem Vierkantträger gegenüber, da im ersteren Falle nur 3 Seiten, im zweiten 4 Seiten auszufüllen sind.

Was die Länge der Träger im Gerippe betrifft, so ist bei den 60 t-Schiffen die durchschnittliche Größtlänge etwa 6,0 m. Bei wesentlich größeren Längen werden kleine Fachwerkkonstruktionen gebildet. So sind bei den Hauptringen die einzelnen Stäbe als armierte Träger oder Sprengwerke ausgebildet, indem der Hauptstab als Obergurt aufgefaßt

[1]) Häufig ist auch die Anordnung von Diagonalkreuzen.

wird, der in seiner Mitte eine Druckstrebe erhält, die senkrecht zu seiner Längsachse nach der Ringmitte zu gerichtet ist. Das Ende der Druckstrebe ist wieder durch Zugbänder, Drähte oder Kabel mit den beiden Enden des Hauptstabes verbunden.

Der Luftschiffbau Schütte-Lanz hat ein erhöhtes Interesse für den Holzbau gehabt. Wie aus neueren Veröffentlichungen hervorgeht, ist das Konstruieren in Holz etwa seit 1917/18 aufgegeben worden, weil das Bauen in Holz nicht mehr wirtschaftlich erschien. Nach den Angaben des Dipl.-Ing. Bleistein, Direktor beim Luftschiffbau Schütte-Lanz, bestand das Grundmaterial für den Baustoff aus dreifachen mit verschiedener Faserrichtung verleimten Fournierlagen. Aus diesem Material wurden Träger von den verschiedensten Querschnitten gebildet; so kamen Doppel-T, Dreikant-, Vierkant-, Doppel-U und Rohrquerschnitte zur Verwendung. Schon bei den ersten SL-Schiffen war jedoch das Gerippe keine ausschließliche Holzkonstruktion, da die Anschluß-, Verbindungs- und Befestigungsteile der Träger aus Duraluminium bestanden, denn eine der ersten Vorbedingungen für den elektrischen Spannungsausgleich verlangt eine durchgehende metallische Leitung.

Nach den Angaben der maßgebenden Leiter des Luftschiffbau Schütte-Lanz ist dort nicht der Weg der Trägerkonstruktion mit offenen Profilen beschritten worden, sondern es ist eine Duralumin-Rohrkonstruktion herausgebildet worden, die einen Gewichtsgewinn von etwa 30% bringen soll. Es mag hier erwähnt werden, daß auch der Luftschiffbau Zeppelin im Anfange seiner Entwicklung sich mit der Rohrkonstruktion beschäftigte. Das Rohr mit seinem Kreisquerschnitt und seinem gleichmäßigen Trägheitsmoment scheint der gegebene Druck- und Knickstab zu sein. Es sind jedoch hier 2 Nachteile zu beachten, und zwar erstens die Fabrikationsschwierigkeiten, die die Herstellung gleichmäßig starker, dünnwandiger Rohre bietet, und zweitens die konstruktiven, besonders die Anschlußschwierigkeiten. Wie der Luftschiffbau Schütte-Lanz behauptet, ist die Herstellung solcher Rohre jetzt eine einwandfreie. Was die Konstruktion betrifft, so kann entweder der ganze Träger durch das Rohr ersetzt werden oder die Bestandteile des Trägers, wie Gurte und Füllungen, bestehen aus einzelnen Rohrstäben. Die konstruktiven Schwierigkeiten werden äußerst reduziert, wenn es sich nur um Rohrstäbe und nicht um aufgelöstes Fachwerk handelt. Aber auch beim Einzelstabe handelt es sich darum, zentrisch anzuschließen und das Rohr stets im Schwerpunkt zu fassen, was bei den komplizierten Knotenpunkten des Gerippes oft sehr schwierig ist. Soll das Material restlos ausgenutzt werden, so müssen alle Anschlüsse, Kreuzungen, Verbindungen, Durchdringungen usw. durchaus einwandfrei sein, nicht nur im konstruktiven Sinne, sondern auch im statischen Sinne bez. der Kraftübertragung und -Aufnahme. Ob der Luftschiffbau Schütte-Lanz all dieser Schwierigkeiten Herr geworden ist, wird sich jedenfalls erst beim nächsten Schiffe dieser Werft herausstellen.

Um zum Schlusse dieser Betrachtung noch einmal auf die 3 Materialien Stahl, Duraluminium und Holz im Zusammenhange zurückzukommen, so gilt als erwiesen, daß Duraluminium für Luftschiffe bis zu den größten Abmessungen als das geeignete Material angesehen werden muß, d. h. unter Beibehaltung des jetzigen Starrschifftyps. Da auch im sonstigen Luftfahrzeugbau dieses Leichtmetall insofern auf der ganzen Linie gesiegt hat, als jetzt auch die kleinsten Sportflugzeuge absolut konkurrenzfähig hieraus hergestellt werden, so läßt sich auch die Behauptung nicht mehr halten, daß es nur das geeignete Material für das Großschiff und das Großflugzeug wäre. Alle Versuche, das Duraluminium zu schweißen und zu löten, sind bis jetzt gescheitert. Dadurch ward jedoch andererseits die Fabrikation gezwungen, im Duraluminbau von vornherein auf die solidere und zuverlässigere Verbindung durch Nietung zu sehen.

Was die Verwendung von hochwertigem Stahl betrifft, so ist die Zeit desselben noch nicht gekommen. Bei den Schiffen der Zukunft jedoch von 200 bis 300000 cbm werden wegen der auftretenden großen Kräfte Profilstärken von 3 mm und darüber hinaus keine Seltenheit sein. Diese schweren Träger werden die Stahlfabrikation wieder beleben, wohingegen das Gros der Träger mit den Gewichten von 1,0 bis 2,0 kg pro m etwa wohl auch dann noch der Herstellung aus Duralumin vorbehalten bleiben.

Im übrigen bleibt abzuwarten, ob die Tendenz der möglichsten Spreizung des Materials zur Erlangung des günstigsten Trägheitsmomentes unter allen Umständen und für alle Größenverhältnisse oberstes Gesetzt bleiben soll. In diesem Zusammenhange wird auf den Schlußartikel über die Mängel der Starrschiffe verwiesen sowie auch auf das Sonderheft: „Luftfahrt und Technik" der Zeitschrift für Flugtechnik und Motorluftschiffahrt vom 26. Februar 1924.

II. Statischer Teil.

6. Praktische Aerodynamik.

Über Strömungen an eingetauchten Körpern und Strömungswiderstände.

Unter Stromlinien versteht man solche Linien, welche überall die Bewegungsrichtung der Flüssigkeit enthalten; sie geben daher das anschaulichste Bild von einer Strömung. In einem Flüssigkeitsbereiche, wo keine Störungen oder sogenannte Wirbel herrschen, kann man sich diese Stromlinien als parallele Geraden von gleichem gegenseitigen Abstande vorstellen, was ohne weiteres verständlich ist. Durch einen eingetauchten Körper werden Strömungsvorgänge geschaffen, wie man sie beim Durchfluß des Wassers zwischen zwei Brückenpfeilern und an diesen beobachten kann. Die Einengung des Durchflußprofils erhöht die Geschwindigkeit, und diese ist gleichbedeutend mit der Verminderung des Druckes, während Stauung des Wassers Druckerhöhung und damit Verringerung der Geschwindigkeit bedeutet. Jeder in einer Flüssigkeit schwimmende Körper zwingt die ihm entgegenkommenden Stromlinien zuerst zu einer Erweiterung ihres Abstandes, bis dieselben nach der Störung sich wieder nähern und im alten Abstande weiterfließen. Die Erweiterung des Abstandes ist gleichbedeutend mit der Abnahme der Geschwindigkeit und mit der Erhöhung des Druckes; die Verringerung mit der Zunahme der Geschwindigkeit, d. h. Abnahme des Druckes.

Man spricht von einer stationären Bewegung, wenn die Geschwindigkeit an dem betrachteten Punkte zeitlich konstant ist. Unter der Voraussetzung einer solchen Bewegung wird die Abhängigkeit bzw. der Zusammenhang zwischen der an einer bestimmten Stelle des Geschwindigkeitsfeldes herrschenden Strömungsgeschwindigkeit und dem dort auftretenden Drucke durch die Bernoullische Gleichung wiedergegeben, welche lautet:

$$\varrho \cdot \frac{v^2}{2} + p = p_0 = \text{const.}$$

Der Ausdruck $\varrho \cdot \frac{v^2}{2}$ trägt die Bezeichnung Staudruck, p ist der sogenannte statische Druck oder die Druckhöhe. Die Größe ϱ stellt die Dichte des Mediums dar und ist das Verhältnis des spezifischen Gewichtes zu der Beschleunigung beim freien Falle. Aus der Formel folgt, daß der Druck p dort seinen größten Wert erreicht, wo die Geschwindigkeit $v = 0$ ist.

Uns interessieren nun die an einem umströmten Körper auftretenden Widerstände.

Innerhalb einer dünnen „Grenzschicht" zwischen der Oberfläche des eingetauchten Körpers und dem Medium wirken tangentiale Reibungskräfte auf die Oberfläche. Unter dem

Oberflächen- oder Reibungswiderstand

versteht man nun die in Richtung der Strömung genommene Summe dieser tangentialen Kräfte.

Unter dem

Formwiderstand

eines umströmten Körpers versteht man dagegen die in Richtung der

Strömung genommene Summe der senkrecht zur Oberfläche wirkenden Druckkräfte.

Es ist nun hauptsächlich darauf zu achten, daß die Stromlinien möglichst ungestört und dann also möglichst lange der Oberfläche des umströmten Körpers folgen können. Im anderen Falle lösen sie sich vorzeitig ab und umschließen eine sog. „Wirbelschleppe". Da die Wirbel und die Gestalt der Wirbel, die sich hinter einem Hindernis bilden, die größte Bedeutung für den Widerstand desselben haben, so sind an dem umströmten Körper alle Kanten, Vorsprünge und Unebenheiten zu vermeiden, da diese eine vorzeitige Ablösung begünstigen.

Wird bei einem Körper durch die demselben gegebene Form die Ablösung nahezu vollständig verhindert, so nennt man diesen einen „Körper geringsten Widerstandes". Eine solche Form zeigt eine schlanke und glatte Verjüngung nach ihrem stärksten Querschnitte und läuft in eine scharfe Spitze aus.

Der Strömungswiderstand in seiner Gesamtheit hängt also vollständig von der Form des umströmten Körpers ab, und zwar besonders von der des hinteren Teiles. Bei den Strömungsvorgängen im Wasser ist der Einfluß des Formwiderstandes demnach meist überwiegend, während der Reibungswiderstand nur einen geringen Beitrag liefert.

Bei den Strömungsvorgängen in der Luft jedoch, wo es sich um „Körper geringsten Widerstandes" handelt, sind die Verhältnisse gerade umgekehrt.

Wir betrachten die Vorgänge in der Luft, und zwar bei der horizontalen Vorwärtsbewegung. Die hierher gehörigen Gesetze und Erfahrungen verdanken wir zum größten Teile den Arbeiten der aerodynamischen Versuchsanstalt zu Göttingen unter der Leitung von Professor Prandtl. Besonders hervorzuheben, und zwar gerade für den Luftschiffbau ist die Arbeit Fuhrmanns: „Theoretische und experimentelle Untersuchungen an Ballonmodellen" (siehe Jahrbuch 1911/12 der Motorluftschiff-Studiengesellschaft).

Die Luftschiffkörper als Körper geringsten Widerstandes oder als sog. „Stromlinienkörper" liegen mit ihrer Längsachse symmetrisch in bezug auf die gerade Fahrtrichtung. Hierbei fällt also die Richtung des Widerstandes mit dieser Symmetrieachse zusammen. Wie schon oben hervorgehoben, hat hier auch die Hautreibung maßgebenden Einfluß, während der Formwiderstand gering ist. Bezeichnet man den Reibungswiderstand mit w_r, den Widerstand der Form mit w_f, so wird der Gesamtwiderstand

$$w = w_r + w_f .$$

Die Messung des Formwiderstandes wurde von Professor Prandtl dadurch ermöglicht, daß die diesen Widerstand darstellenden senkrecht zur Oberfläche des Ballonkörpers wirkenden Luftdrücke im Innern des

Ballonmodelles gemessen wurden, so daß eine getrennte Bestimmung zustande kam. Fuhrmann untersuchte 6 Ballonmodelle, und zwar wurden berücksichtigt Formen mit dickem vorderen Teil, mit normalem und mit spitzem vorderen Teil, ferner mit mehr oder weniger spitzem hinteren Auslauf und mit abgerundetem Auslauf. Am günstigsten zeigte sich die skizzierte sogenannte Stromlinienform mit vorderer Abrundung und schlanker Verjüngung nach hinten, die schließlich in eine regelrechte Spitze ausläuft. Der stärkste Querschnitt liegt bei dieser Form etwa im vorderen Drittel. Für die einzelnen Versuchsreihen waren die 6 Körper aus hohlen Kupfermodellen hergestellt, die mit zahlreichen feinen Durchbohrungen versehen waren. Wurden sämtliche Bohrungen bis auf eine glatt verstopft, so herrschte der durch den gegen das Modell geleiteten Luftstrom an der Bohrstelle hervorgerufene senkrecht zur Modelloberfläche stehende Druck natürlich auch im Innern des Modells. Dieser Druck konnte an einem Manometer abgelesen werden, das durch das Schwanzende des Kupfermantels hindurch mit dem Modellinnern in Verbindung stand. Ebenso konnte natürlich der

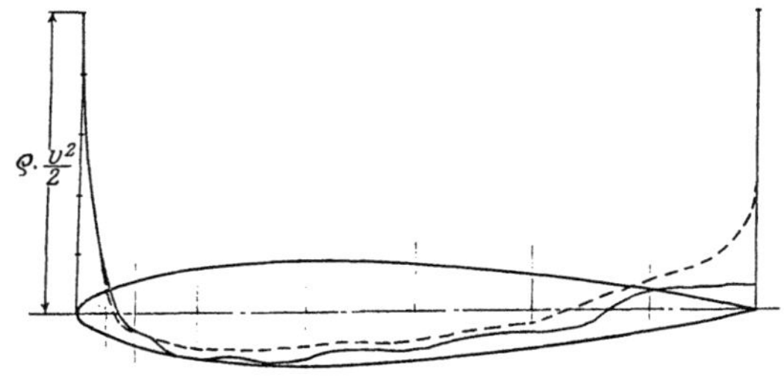

Abb. 13.

Druck an jeder Bohrstelle des Modells gemessen werden. Als Resultierende ergab sich die Summe der Druckkomponenten in der Stromrichtung, d. h. der Wert w_f. Durch direkte Messung konnte der Gesamtwiderstand des Körpers bestimmt werden, indem der resultierende Gesamtwiderstand auf ein Hebelsystem übertragen und hier das Gewicht abgelesen wurde. Der Reibungswiderstand ergab sich dann als die Differenz von Gesamt- und Formwiderstand. In der folgenden Skizze sehen wir die beobachtete Druckverteilung an dem Fuhrmannschen Stromlinienmodell längs einer Erzeugenden, und zwar zeigt die ausgezogene Linie die durch den Versuch gewonnene Druckverteilung, die gestrichelte hingegen die durch Rechnung erhaltene. Die von der Achse nach oben aufgetragenen Ordinaten geben die Überdrücke wieder, die nach unten aufgetragenen die Unterdrücke. Eine größere Abweichung der Rechnung ergibt sich erst am hinteren Ende vom Ansetzen der „Schleppe“ ab.

Wie sich noch später zeigen wird, ist nicht allein die Größe des Widerstandes von der größten Bedeutung, sondern auch die Verteilung der Luftkräfte über die Längsachse des Schiffes hinweg. Diese Verteilung ist bestimmend für die Lage der Resultierenden der Luftkräfte, und es leuchtet ohne weiteres ein, daß der Einfluß dieser Resultierenden auf das biegende Längsmoment um so größer ist, je weiter sie vom Schwerpunkte des Schiffes entfernt ist. Profile mit dickem vorderen Teile nach Art der Tragflächen von Flugzeugen, bei denen sich die Luftkräfte in Form eines Dreiecks über die Fläche verteilen, und zwar so, daß die Resultierende in der Nähe des vorderen Anblasrandes liegt, sind demnach für Luftschiffkörper überaus ungeeignet. Die günstigste Form ist diejenige, bei der sich die durch die Druckordinaten bestimmte Belastungsfläche möglichst gleichmäßig um den Schwerpunkt des Schiffes herum gruppiert. Dies trifft von allen bisher untersuchten Modellen am ehesten bei dem skizzierten Stromlinienkörper zu.

Mit Bezug auf die skizzierte Darstellung der Druckverteilung läßt sich der ganze Strömungsvorgang noch kurz und im Zusammenhang wie folgt deuten:

Der der Bewegung oder dem Vortriebe des Schiffes entgegenwirkende Widerstand der Luft wird hervorgerufen durch die am Bug auftretenden Verdrängungswiderstände und durch die an den Seiten und nach hinten zu entstehenden Reibungswiderstände. Der größte Verdrängungsdruck herrscht vorn an der Spitze des Schiffes, wo die anströmenden Luftmassen zur plötzlichen Verringerung ihrer Geschwindigkeit und zum Ausweichen gezwungen werden. Die Größe der kinetischen Energie der gegen die Spitze stoßenden Luftmassen ist in der Druckkurve bezeichnet mit

$$\frac{\gamma}{g} \cdot \frac{v^2}{2} \text{ oder } \varrho \cdot \frac{v^2}{2}$$

Der größten Druckerhöhung steht die größte Druckerniedrigung gegenüber, die etwa beim größten Querschnitte des Schiffskörpers auftritt. Dieser größte Unterdruck nimmt nach dem hinteren Ende zu allmählich wieder ab, erreicht etwa im hinteren Viertel den normalen Wert, um am Schwanzende in einen relativ geringen Überdruck überzugehen.

In der folgenden Tabelle sind die Formeln für die Größen der einzelnen Widerstände zusammengestellt; Formeln für den Reibungs- und Formwiderstand getrennt und für den Gesamtwiderstand. Jeder Widerstand ist abhängig von dem Quadrat der Geschwindigkeit und wird ausgedrückt entweder durch den Hauptspantquerschnitt oder durch die Oberfläche oder durch das Volumen. Es liegt natürlich nahe, z. B. den Reibungswiderstand als abhängig von der Außenhaut des Schiffes und ihrer Größe darzustellen und den Formwiderstand als abhängig von dem Hauptspant und seinem Inhalt. Die beste Vorstellung besonders bei Vergleichen mit anderen Körperformen erweckt jedoch die Bezugnahme auf das Volumen.

Die Angaben in der Tabelle[1]) beziehen sich auf das oben dargestellte Stromlinienmodell mit dem Volumen $V = 18200$ ccm, der Gesamtoberfläche $O = 4790$ qcm, dem größten Querschnitte $F = 278$ qcm, dem größten Durchmesser $D = 18{,}8$ cm, der Länge $l = 114{,}5$ cm und dem zugehörigen Streckungsverhältnis $114{,}5 : 18{,}8 = 6{,}1$.

Art des Widerstandes		Formel für den Widerstand	Widerstandszahl
Reibungswiderstand	entweder	$W_r = c_r \cdot \varrho \cdot O \cdot \frac{v^2}{2}$	$c_r = 0{,}0013$
	oder	$W_r = c_h \cdot \varrho \cdot F \cdot \frac{v^2}{2}$	$c_h = 0{,}0224$
Formwiderstand		$W_f = c_f \cdot \varrho \cdot F \cdot \frac{v^2}{2}$	$c_f = 0{,}0342$
Gesamtwiderstand	entweder	$W = c \cdot \varrho \cdot F \cdot \frac{v^2}{2}$	$c = 0{,}0566$
	oder	$W = k \cdot \varrho \cdot V^{\frac{2}{3}} \cdot \frac{v^2}{2}$	$k = 0{,}0228$

Von allen angeführten Formeln findet in neuerer Zeit die sog. Volumenformel die verbreitetste Anwendung.

Die Widerstandszahl k bleibt für geometrisch ähnliche Luftschiffkörper konstant, wenn man sie auf $V^{\frac{2}{3}}$ bezieht. Dieses durch Modellversuche begründete Gesetz ist durch die Erfahrung mit Schiffsgrößen bis 70000 cbm bestätigt worden.

Ganz restlos und für jede Geschwindigkeitssteigerung trifft jedoch das quadratische Gesetz der Geschwindigkeit nicht zu. So nehmen die in der Tabelle aufgeführten Widerstandszahlen mit wachsender Geschwindigkeit ab, weil die Hautreibung langsamer als mit der 2. Potenz der Geschwindigkeit wächst.

Die angegebenen Zahlenwerte entsprechen übrigens einem Geschwindigkeitswerte $v = 10$ m/sec.

Für praktische Fälle kann unter Voraussetzung gut ausgebildeter Stromlinie mit einer Widerstandszahl von $k = 0{,}03$ bei der Projektierung gerechnet werden, und es ist absolut kein Grund vorhanden, diesen Koeffizienten nur bei den Starrschiffen vorauszusetzen. Eine gut geschlossene Form ohne merkbare Sprünge und Übergänge in der Linienführung läßt sich selbstverständlich beim Prallschiffe ebensogut — wenn nicht

[1]) Hütte, Bd. I, „Erfahrungszahlen für den Luftwiderstand umströmter Körper."

sogar besser — erreichen als beim Starrschiffe. Es ist aber selbstverständlich, daß während der Fahrt die auftretenden Deformationen ein gewisses Maß nicht überschreiten dürfen. Wenn dies bisher beim Starrschiffe leichter gelang, so ist dies noch kein Grund zur endgültigen Annahme, daß es beim Prallschiffe nicht gelingen wird, bei dem man doch tatsächlich von keiner abgeschlossenen Entwicklung sprechen kann.

Es muß hervorgehoben werden, daß im Windkanal nur der Widerstand des nackten Schiffsmodells ohne Steuerung, ohne Gondeln und deren Aufhängung, d. h. ohne alle Takelung gemessen wird. Der Einfluß dieser Anhängsel ist von außerordentlicher Größe und Bedeutung. Die von Soden und Dornier mit dem Z-Schiffe LZ. 10 schon im Jahre 1911 unternommenen Auslaufversuche ergaben den tatsächlichen Wert des Widerstandskoeffizienten $k = 0{,}0652$. Dieser Zahlenwert ist der 1,82fache Betrag des am entsprechenden Modell gemessenen Wertes, der nur $k = 0{,}0358$ betrug. Daraus folgt als wichtige Forderung, alle äußeren Anhängsel auf ein Minimum zu reduzieren, um eine möglichst geschlossene Form des Schiffskörpers zu erhalten.

Um einen zahlenmäßigen Begriff von der Größe des Gesamtwiderstandes eines stromlinienförmigen Luftschiffkörpers zu erhalten, seien für die Benutzung der Volumenformel folgende Zahlenwerte gegeben:

$$V = 100\,000 \text{ cbm}$$
$$\varrho = \frac{\gamma}{g} = \frac{1{,}226}{9{,}81}\,\frac{\text{kg}}{m^3}\cdot\frac{\sec^2}{m} = \frac{1}{8}\,\frac{\text{kg}\,\sec^2}{m^4}$$
$$v = 120 \text{ km/st} = 33{,}3 \text{ m/sec}$$
$$k = 0{,}03.$$

Damit resultiert für ein 100000 cbm-Schiff ein Gesamtwiderstand

$$W = 0{,}03\cdot\frac{1}{8}\,\frac{\text{kg}\,\sec^2}{m^4}\cdot\frac{33{,}3^2}{2}\,\frac{m^2}{\sec^2}\cdot\sqrt[3]{100\,000^2\,{}_{m}{}^{6}},$$
$$W = 4470 \text{ kg}.$$

Bei einem Gesamtwirkungsgrade der Luftschrauben $\eta = 0{,}75$ beträgt die für den Antrieb erforderliche Maschinenanlage

$$N_e = \frac{W\cdot v}{\eta\cdot 75} = \frac{4470\cdot 33{,}3}{0{,}75\cdot 75} = 2640 \text{ PS}.$$

Kontrolle durch Leistungen ausgeführter Schiffe.

Die „Bodensee“ hatte 4 Maybach-Motoren à 240 PS an Bord, hatte 22560 cbm Inhalt, besaß gute Stromlinienform und konnte eine Geschwindigkeit von 36 m/sec entwickeln.

Nach der Volumenformel ergibt sich für dieses Schiff ein Gesamtwiderstand

$$W = 0{,}03\cdot\frac{1}{8}\cdot 36^2\cdot 22\,560^{\frac{2}{3}} = 1900 \text{ kg}.$$

Bei der ungestörten Arbeit jeder Luftschraube an diesem Schiffe wird man mit einem Wirkungsgrad $\eta = 0{,}85$ rechnen können. Hiermit resultieren als erforderlich zum Atnrieb:

$$N_e = \frac{1900 \cdot 36}{0{,}85 \cdot 75} \simeq 1050 \text{ PS}.$$

Dieses Schiff hatte also einen etwas günstigeren Widerstandskoeffizienten, der sich etwa um 0,028 herum bewegen dürfte, falls nicht tatsächlich ein Gesamtwirkungsgrad der Schrauben von $\eta = 0{,}85$ vorhanden war.

Nimmt man als maßgebend für die voraussichtliche Geschwindigkeit des in Friedrichshafen für die amerikanische Regierung gebauten 70 t-Schiffes Z. R. III etwa 120 Stundenkilometer oder 33,3 m/sec an, so wird der Gesamtwiderstand

$$W = 0{,}03 \cdot \frac{1}{8} \cdot \frac{33{,}3^2}{2} \cdot 70000^{\frac{2}{3}} = 3540 \text{ kg}.$$

Hier würden bei $\eta = 0{,}75$ erforderlich sein:

$$N_e = \frac{3540 \cdot 33{,}3}{0{,}75 \cdot 75} = 2100 \text{ PS}.$$

Nach den bis jetzt in der Zeitschrift des Vereins deutscher Ingenieure und in „Der Luftweg" vom 12. Februar d. J. erschienenen Berichten erhält dieses Schiff 5 Maybach-Motoren von je 400 PS. also insgesamt etwa 2000 PS, so daß die beim Zahlenbeispiel vorausgesetzte Geschwindigkeit von 120 Stundenkilometer erreicht werden wird.

Bei solchen Berechnungen ist darauf Rücksicht zu nehmen, daß sich eine strengere Stromlinienform natürlich eher bei einem kleineren als bei einem größeren Schiffe durchführen läßt.

Um eine kleine geschlossene Übersicht über die Antriebsverhältnisse größerer Schiffe zu geben, ist die nachfolgende Tabelle zusammengestellt, und zwar mit den Werten $k = 0{,}03$ und $\eta = 0{,}75$. Ist eine einwandfreie Leistung jedes Propellers gewährleistet, insofern als jeder im ungestörten Luftstrome arbeitet und die Propellerkreise sich nicht decken, so wird natürlich mit einem höheren Wirkungsgrade, d. h. mit etwa 80 bis 85% zu rechnen sein.

Volumen	Widerstand bei $v = 33{,}3$ m/sec	Motorenstärke bei $v = 33{,}3$ m/sec	Motorenstärke bei $v = 39$ m/sec
cbm	kg	kg	PS
50000	2820	1675	2680
100000	4470	2640	4250
150000	5860	3480	5630
200000	7100	4230	6750
250000	8250	4900	7850
300000	9350	5550	8900

Hinzugefügt ist noch die Motorenstärke bei einer Geschwindigkeit von 39 m/sec oder 140 km/st, da an ein modernes Verkehrsschiff erhöhte Anforderungen gestellt werden und 120 km/st wohl als mittlere Größtgeschwindigkeit, aber nicht als Grenzgeschwindigkeit genügen dürften.

In dem im Jahre 1920 bei Thomas Nelson and Sons in London erschienenen Buche: Commercial Airships von H. B. Pratt, Chefingenieur bei „Vickers", befindet sich außer zahlreichen anderem statistischen Material auch eine Zusammenstellung der erforderlichen Motorenstärken für Schiffe von 1000000 bis 10000000 Kubikfuß. Die dortigen Werte sind jedenfalls unter Zugrundelegung eines Wirkungsgrades von 85% ermittelt, denn multipliziert man die in obiger Tabelle enthaltenen Werte mit dem Bruche $\frac{75}{85}$, so erhält man ziemlich genau die Prattschen Werte.

Beim Abschlusse dieser Betrachtungen über die Widerstandsverhältnisse bei normaler Horizontalfahrt seien die Gesichtspunkte, nach denen projektiert werden muß, um möglichst geringen Fahrtwiderstand zu erzeugen, hierunter kurz zusammengestellt:

1. Möglichste Verringerung des äußeren Reibungswiderstandes durch Schaffung einer möglichst gedrungenen Form, d. h. einer kleinsten Oberfläche bei gleichzeitigem größten Inhalt.

2. Möglichste Durchführung der Form geringsten Widerstandes durch Verlegung des größten Querschnittes in das vordere Drittel des Schiffes, durch vordere eher schlanke als dicke Abrundung, durch hintere schlanke Linienführung bis zum spitzen Auslauf und durch strenge Durchführung der Stetigkeit der Kurven ohne merkbare Übergänge.

3. Möglichste Vermeidung aller schädlichen Widerstände durch Reduzierung aller äußeren Anhängsel auf ein Minimum, um eine möglichst geschlossene Ballonform zu erhalten.

Das Streben nach einem Geringstwert des Reibungswiderstandes durch Schaffung einer möglichst kleinen äußeren Mantelfläche hat beim Starrschiffe noch die angenehme Beigabe, daß dadurch das Gerippegewicht auf ein Minimum reduziert wird, da alle Ring- und Längsträger in der Mantelfläche liegen.

Die Notwendigkeit, auf einen guten „Völligkeitsgrad", d. h. auf eine möglichst gedrungene Stromlinienform zu sehen, ist also die „conditio sine qua non", um möglichst günstig zu konstruieren; allerdings findet sie eine Beschränkung darin, daß nur bei kleineren Schiffen eine Streckung von nur 6 bis 7 durchführbar ist, während bei Großschiffen aus praktischen Gründen bei etwa 8 haltgemacht wird.

Bei schräger Fahrtrichtung fällt die Resultierende der Widerstandskräfte nicht mehr mit der Symmetrieachse des Schiffes zusammen.

Die ebenfalls schräg der Bewegung entgegen gerichtete Widerstands-Mittelkraft hat eine Vertikalkomponente, die nach Göttinger Modellversuchen schon bei 6° Schiffsneigung die Größe des bei horizontaler Fahrt auftretenden Widerstandes erreicht. Durch Ziehen des Höhensteuers und dadurch bedingte Schrägfahrt des Schiffes wird also auf dynamischem Wege eine wesentliche Steigerung der Hubkraft des Schiffes erzielt. Im Kriege sind bei den 60 t-Schiffen auf diese Weise bis 6 t durch Drachenwirkung gewonnen worden.

Dieses dynamische Steigvermögen, das dem Führer eines Schiffes gestattet, Höhe mit überlastetem Schiffe zu gewinnen, kann durch die Größe und die Anordnung der Stabilisatoren noch wesentlich gesteigert werden. Diese Eigenschaften der fest angebauten Flächen und das Bestreben, dieselben mehr als bisher als Tragflächen heranzuziehen, wird bei den Schiffen der Zukunft mehr betont werden müssen. Alle diese Fragen, besonders auch die Wirkung der Ruderklappen bei den verschiedensten Fahrtrichtungen, konnten früher nur bei den Werkstattfahrten der Schiffe geklärt werden. Eine solche Arbeitsweise war natürlich sehr unwirtschaftlich, da große Änderungen auch große Kosten verursachten. Jetzt können diese Vorarbeiten sämtlich im Windkanal des Laboratoriums am Modell erledigt werden; ebenso wie auch dem Statiker für seine rechnerischen Festigkeitsnachweise die erforderlichen Unterlagen durch die Modellversuchsanstalt geliefert werden.

Die festen Flächen am Schiffe tragen auch in erster Linie zur Eigenstabilisierung bei, indem sie das Schiff bei Abweichungen von der normalen Fahrtrichtung wieder in dieselbe hineinzudrücken suchen. Nach maßgebenden Modellversuchen liegt die resultierende Luftkraft außerhalb des Schiffes, falls nicht Flossen angebracht sind. Da bei Schrägstellung des Schiffes auch die außen liegende Resultierende einen Winkel mit der Symmetrieachse des Schiffes bildet, so herrscht die Tendenz, die Schräglage des Schiffes zu vergrößern. Durch die Flächen werden jedoch andererseits Zusatzkräfte hervorgerufen, welche die resultierende Luftkraft je nach Bedarf in den Schwerpunkt und sogar noch hinter diesen „hineindrücken“ können. Das Zusammenfallen mit dem Schwerpunkt hätte den Vorzug leichter Steuerbetätigung, während die Lage der Resultierenden hinter dem Schwerpunkt die automatische Stabilisierung sichert, da hierdurch bezüglich der Fahrtrichtung stabiles Gleichgewicht gewonnen wird.

7. Die Statik der Starrschiffe.

A. Über Störungen des Gleichgewichtes.

Störungen des Gleichgewichtes eines Luftschiffes zeigen sich in Kopflastigkeit oder Schwanzlastigkeit; dabei treten aus den unten näher beschriebenen Ursachen Ungleichheiten in der Belastung des Schiffes auf, die dazu führen, daß entweder der Bug oder das Heck des Schiffes überbelastet ist.

Diese Störungen können resultieren aus einer ungünstigen Verteilung der festen und beweglichen Lasten; das Schiff kann, wie man sagt, „vertrimmt“ sein. Eine Vertrimmung durch fest eingebaute Lasten dürfte schon als eine verfehlte Konstruktion anzusprechen sein und muß selbstverständlich vermieden werden. Eine zeitweilige Vertrimmung kann eintreten durch ungleichmäßige Abnahme der Brennstoffmengen, durch Ballast, durch Bewegung von Fahrgästen und ähnliche Vorkommnisse. Außer der Vertrimmung ist die exzentrische Anlage der Propeller eine stete Störungsursache der Gleichgewichtslage, wenn sie nicht von vornherein durch einen entsprechenden Anstellwinkel der Horizontalflossen aufgehoben wird. Eine Erscheinung, die im Kriege häufiger vorkam, die jedoch auch im Frieden nicht ganz zu vermeiden sein wird, ist das Beschädigen einer Zelle und das damit verbundene Leerlaufen derselben. Durch den fehlenden Auftrieb der auslaufenden bzw. ausgelaufenen Zelle tritt ebenfalls eine Vertrimmung des Schiffes ein.

Diese Störungsursachen sind im Schiff selbst zu suchen. Man muß dieselben von denjenigen unterscheiden, die von außen kommen und durch die Luftkräfte verursacht werden. Dieser Einfluß der Luftkräfte ist wieder abhängig von der Fahrgeschwindigkeit, der Form des Schiffes, der Lage desselben usw.

Hierher gehört auch der Einfluß der Massen- oder Trägheitskräfte, der bei jeder Änderung der Lage des Schiffes auftritt. Der Einfluß dieser Kräfte zeigt sich in einer gewissen Reaktion der oben aufgezählten Störungen, ist also eine Begleiterscheinung derselben und muß mit ihnen im Zusammenhange erledigt werden.

Um einer Vertrimmung des Schiffes vorzubeugen oder um derselben entgegen zu wirken, kann umgetrimmt werden. Ein schneller wirkendes Gegenmittel ist jedoch das Ruder, dessen Wirkung sofort einsetzt. Selbstverständlich ist auch eine Betätigung beider Gegenmittel denkbar und ohne weiteres vorstellbar, falls nicht in Sonderfällen gewichtige Gründe dagegen sprechen.

Bevor wir näher auf die Beeinflussung des Schiffskörpers durch diese Störungserscheinungen eingehen, wollen wir diese Störungen selbst sowie ihre Gegenmittel noch einmal kurz im Zusammenhange aufzählen.

A. Störungen des Gleichgewichtes entstehen durch:

1. Schlechte Verteilung der festen und beweglichen Lasten über die Längsachse des Schiffes hinweg (sog. Vertrimmung oder schlechter Ausgleich der Auftriebsgewichte bzw. Hubkräfte).

2. Zellenbeschädigung und dadurch Auslaufen derselben.

3. Exzentrische Lage der Propeller.

Gegenmittel:

1. Steuerung.
2. Umtrimmung.
3. Beide Mittel gleichzeitig.

B. Störender Einfluß der Luftkräfte.

Dieser zeigt sich

1. in Böen und bei Fahrt auf geneigtem Kiel und ist abhängig:
2. von der Geschwindigkeit,
3. „ „ Form und Größe,
4. „ „ Lage oder Schräglage des Schiffskörpers,
5. „ „ Steuerstellung.

Gegenmittel wie oben.

C. Störender Einfluß der Massen- oder Trägheitskräfte, die bei jeder gewollten oder ungewollten Änderung der Fahrtrichtung oder Schiffslage auftreten, und zwar besonders bei hartem Ruderlegen.

Wie nachstehend eingehender ausgeführt werden wird, zeigt sich der Einfluß dieser Störungen in Biegungsmomenten in Richtung der Längsachse. Da ferner diese Störungen gleichzeitig auftreten können, sind die Biegungsbeanspruchungen zu addieren.

Wie in der Einleitung erwähnt, rufen die aufgezählten Störungsursachen die sog. Kopf- oder die Hecklastigkeit hervor.

Soll das Schiff in betriebsfertigem Zustande gut ausgewogen sein, d. h. sollen die nach oben ziehenden Auftriebsgewichte gleich den nach unten ziehenden Abtriebslasten sein, so muß auch die Lage der aufwärts gerichteten Resultierenden mit der Lage der abwärts gerichteten zusammenfallen, und zwar muß entweder das Auftriebsmittel mit dem Schwerpunkt des Schiffes zusammenfallen, oder der letztere muß unter dem ersteren liegen, da sonst die horizontale Lage des Schiffes nicht gewahrt werden kann. Diese Betrachtungen werden am sinnfälligsten an Hand von Skizzen angestellt, bei denen das Schiff als ein einfacher Balken dargestellt wird, der an einem Seile aufgehängt ist.

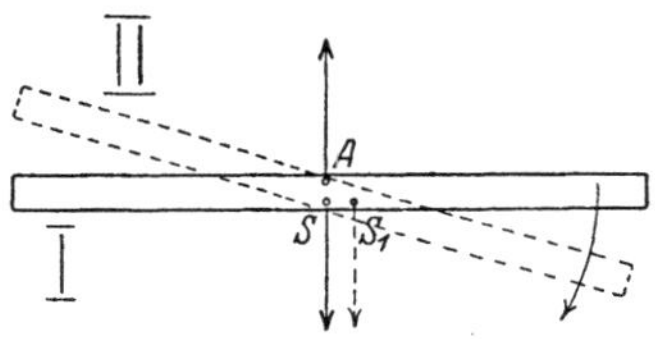

Abb. 14.

Liegt der Schwerpunkt S nicht unter dem Aufhängepunkt A, so wird der Balken das Bestreben haben, sich aus der Lage I in die Lage II einzustellen. Die Abweichung von der Lage I ist um so größer, je stärker S_1 von der richtigen Schwerpunktslage S abweicht. Analog sind die Vorgänge beim Schiffe. Hier muß jedoch noch hervorgehoben werden, daß beim Schiffe selbst ein Zusammenfallen von A und S nicht als erstrebenswert anzusehen ist, da das dadurch erreichte indifferente Gleichgewicht dem Schiffe eine zu große Beweglichkeit verleiht, die wohl eine leichte Steuerbarkeit des Fahrzeuges im Gefolge hat, die aber das Schiff auch leicht und schnell auf jede angreifende exzentrische Kraft reagieren läßt. Da die Luft ein Verkehrsmedium mit unvergleichlich mehr Überraschungen ist als das Wasser, so ist ein bremsendes Mittel gegen ungewollte Überraschungen nur erstrebenswert. Dieses Gegenmittel fällt den Schiffen mit tiefliegendem Schwerpunkte ohne weiteres von selbst zu, wodurch diese Schiffe „schwer" und erschütterungsfrei in der Luft liegen. Besonders für große Handelsschiffe, die mit starkem Passagierverkehr zu rechnen haben, wird eine möglichst starke Betonung dieses stabilen Gleichgewichtes angestrebt werden müssen, damit ruhige und erschütterungsfreie Fahrten garantiert werden können.

Kopf- oder Buglastigkeit wird dadurch hervorgerufen, daß das Schiff im vorderen Teile „vertrimmt" oder durch irgendeine der aufgezählten Ursachen vorn, nicht den Auftrieben entsprechend, zu stark belastet ist. Lassen wir der Einfachheit halber bei unseren Betrachtungen das Auftriebsmittel mit dem Schwerpunkt zusammenfallen, obgleich dieselben streng genommen nur in demselben senkrechten Querschnitte liegen, so drückt die vordere Überbelastung den Bug nach unten bzw. dreht das Schiff im Uhrzeigersinne um den Schwerpunkt. Um dieses Drehen um den Schwerpunkt zu verhindern, muß das Höhensteuer gezogen werden, wodurch das Heck heruntergedrückt und der Bug aufgerichtet wird. Erzeugt wird dadurch ein linksdrehendes Moment, das dem rechtsdrehenden mindestens gleich sein muß (s. Abb. 15). Dieselbe

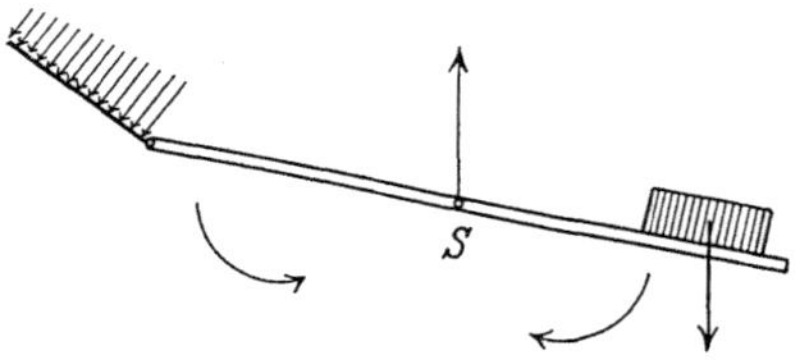

Abb. 15.

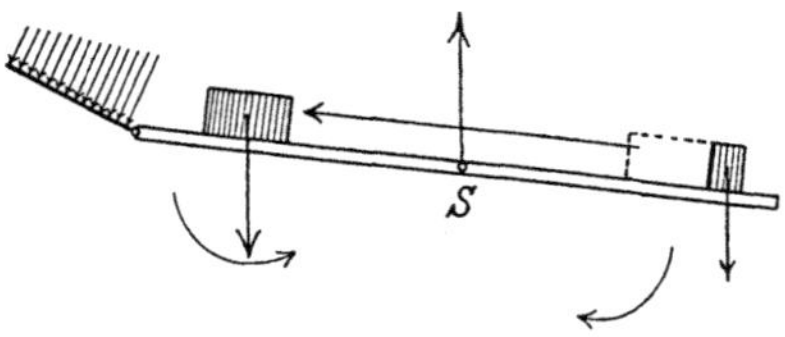

Abb. 16.

Wirkung kann durch Umtrimmen der Lasten erzielt werden (s. Abb. 16) oder auch durch gleichzeitige Ausführung beider Gegenmittel. Es ist ohne weiteres klar, daß infolge dieser Trimmung und Steuerung in den einzelnen Querschnitten Biegungsbeanspruchungen auftreten, die abhängig sind von den Größen der angreifenden Kräfte und von den zugehörigen Hebelarmen.

Schwanz- oder Hecklastigkeit wird dadurch hervorgerufen, daß das Schiff durch eine der aufgezählten Ursachen im hinteren Teile zu schwer geworden ist. Das Schiff fängt dadurch an das Heck zu senken und links um den Schwerpunkt zu drehen. Um dies zu verhindern, muß ein entgegengesetzt drehendes Moment erzeugt werden, und zwar durch Anziehen des Tiefensteuers oder durch „Nachvornschaffen“ hinten entbehrlicher Lasten oder durch beide Mittel gleichzeitig (s. Abb. 17). Die Schwanzlastigkeit ist das Spiegelbild der Kopflastigkeit; auch durch diese Erscheinung werden über die Längsachse des Schiffes hinweg Biegungsbeanspruchungen in den einzelnen Querschnitten des Schiffes hervorgerufen, die mit den Größen der drehenden Gewichte und mit den Hebelarmen wachsen.

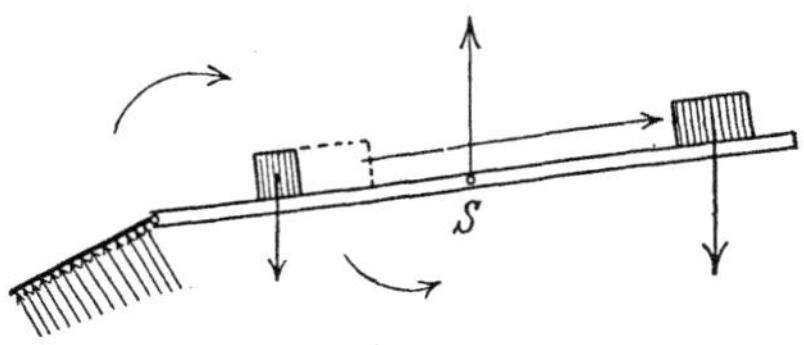

Abb. 17.

Tiefe Propellerlage kann nur Hecklastigkeit erzeugen, während Auslaufen von Zellen je nach der Lage derselben zur Schiffsmitte sowohl vorn als auch hinten Überbelastung erzeugen kann.

B. Festigkeit des Tragkörpers.

Die infolge der aufgezählten Störungseinflüsse auftretenden Biegungsmomente sind in den nachfolgenden Ausführungen getrennt behandelt. Alle Längsmomente beanspruchen den Schiffskörper in seinem Gesamtaufbau. Sie treten, wie ohne weiteres verständlich, bei jedem Schiffe auf, sind unabhängig von dem Schiffstyp und müssen sowohl vom Gerippe beim starren Systeme als auch von der tragenden Hülle beim Prallballon bzw. beim halbstarren Systeme von dem die Festigkeit garantierenden Konstruktionsorgan aufgenommen werden. Daher haben die hierher gehörigen Ausführungen über die Festigkeit des Schiffskörpers allgemeine Gültigkeit und sind maßgebend sowohl für das Starrschiff als auch für den Prallballon.

a) Stirndruck und Hecklastigkeit. Bei unseren Betrachtungen wollen wir stets Auftriebsmittel und Schwerpunkt zusammenfallen lassen, welche Annahme bei den maßgebenden Belastungsfällen, wo es sich nur um senkrecht zur Längsachse wirkende Kräfte handelt, und wo demgemäß nur Horizontalabstände von demselben durch Auftriebsmittel und Schwerpunkt gehenden Querschnitt in Betracht kommen, keine Ungenauigkeit in die Rechnung bringt. Ferner möge der Gesamtschwerpunkt stets in Schiffsmitte liegen. Diese Annahme trifft nur bei Symmetrie des vorderen und hinteren Teiles zu, jedoch nicht bei dem Stromlinienkörper. Die hierdurch hervorgerufene Ungenauigkeit wäre bei einem auszuführenden Projekt, wo es auf die Richtigkeit des Zahlenwertes selbst ankommt, von Bedeutung, tut jedoch der prinzipiellen Richtigkeit der hier vorgetragenen Rechnung keinen Abbruch.

Ferner sei noch eine Vorbemerkung über die Wirkung der Steuer gestattet. Bei gezogenem Steuer verteilen sich die Luftkräfte je nach dem Ausschlagwinkel über die Steuerklappe. Die resultierende Ruderkraft wird als Lagerkraft der Klappe an der Steuersäule auftreten. Hier wird sie in zwei Seitenkräfte zerlegt, und zwar in eine senkrecht zur Achse wirkende und in eine in die Achsrichtung fallende Komponente. Die senkrechte Komponente R (s. Abb. 18a, b) wird in unseren Berechnungen als maßgebende Ruderkraft aufgeführt.

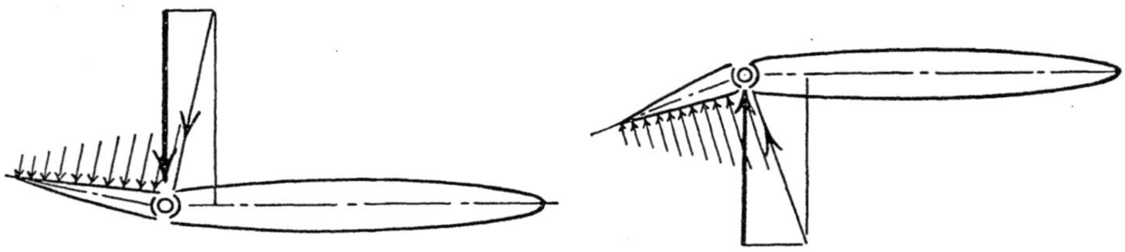

Abb. 18a u. b.

Der resultierende Propellerzug sei Z; sein Abstand vom Schwerpunkte sei e. Ihm entgegen wirkt der mit der Richtung der Schiffsachse zusammenfallende Stirnwiderstand W. Beide Kräfte müssen bei Gleichgewicht als einzig auftretende Horizontalkräfte einander gleich sein. Sie bilden ferner ein Kräftepaar mit linksdrehender Wirkung. Dieser Drehtendenz kann nur durch die Wirkung des gezogenen Tiefensteuers das Gleichgewicht gehalten werden. Die senkrecht zur Achse nach oben gerichtete Ruderkraft R dreht rechts um den Schwerpunkt. Die Ruderkraft R wirkt selbstverständlich nicht als einzige senkrechte Kraft auf den Schiffskörper. Ihr wird das Gleichgewicht gehalten durch die ebenfalls senkrecht zur Achse, aber entgegengesetzt gerichtete Resultierende L der Luftkräfte. So kommt das Belastungsbild der Abb. 19 zustande.

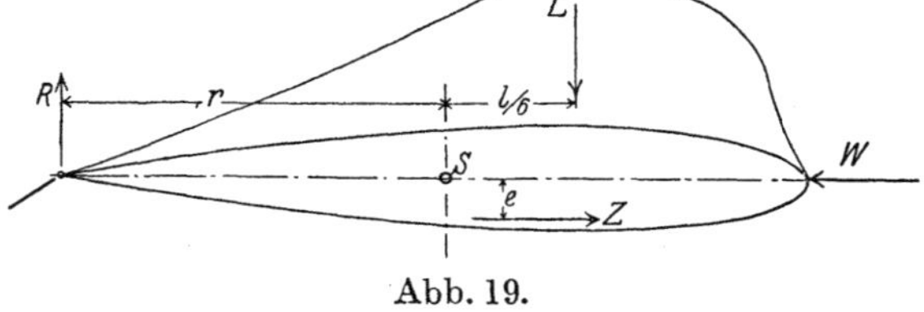

Abb. 19.

Hierbei ist angenommen, daß sich die Luftdrücke etwa nach Art eines Dreiecks über die Längsachse des Schiffes verteilen. Zur genauen rechnerischen Untersuchung sind die vor der Rechnung zu beschaffenden Ergebnisse der aerodynamischen Modell-Versuchsanstalt unerläßlich. Und zwar ist nicht nur die Größe, sondern vor allem auch die Verteilung der Luftkräfte über das Schiff überaus wichtig, da hiervon die Lage der Resultierenden L abhängt. Vor der Kenntnis dieser Verteilung tut man gut, eine möglichst ungünstige Verteilung — etwa wie gezeichnet — anzunehmen.

Die auf unseren Schiffskörper wirkenden Kräfte unterliegen folgenden Gleichgewichtsbedingungen:

1. $Z = W$.
2. $L = R$.
3. $L \cdot \frac{l}{6} + R \cdot r = Z \cdot e$.

Daraus folgt:
$$R \cdot \frac{l}{6} + R \cdot r = Z \cdot e$$
und
$$R = \frac{Z \cdot e}{\frac{l}{6} + r}.$$

Um einen Begriff von der zahlenmäßigen Größe der Ruderkraft zu geben, sei ein Schiff von 240 m Länge zugrunde gelegt mit einer Motorenanlage von 6000 PS.

Diese 6000 PS stellen dar: $6000 \cdot 75 = 450\,000$ m/kg/sec und üben bei einer Geschwindigkeit des Schiffes von 33,3 m/sec eine Zugkraft aus von
$$Z = \frac{450\,000}{33,3} = 13\,500 \text{ kg}.$$

Die Luftschrauben selbst ziehen jedoch nur mit
$$Z = 0,75 \cdot 13\,500 = 10\,100 \text{ kg},$$
d. h. mit $\sim$ 10 t, einen Gesamtwirkungsgrad von 75% vorausgesetzt. Auf jedes Propellerpaar — es seien 8 Propeller, und zwar je 4 symmetrisch zur Schiffsachse angeordnet — entfällt also eine Zugkraft von $\frac{10}{4} = 2,5$ t. Bei der angenommenen Schiffslänge von 240 m ist $\frac{l}{6} = \frac{240}{6} = 40$ m; $r \sim \frac{l}{2} = 120$ m und e betrage 15 m. Mit diesen Werten ergibt sich die Größe der senkrechten Ruderkraft zu
$$R = \frac{10,10 \cdot 15,0}{40,0 + 120} = 0,95\ t.$$

Wir teilen das Schiff in 20 Abteilungen von je 12 m ein und bestimmen die infolge der obigen Kräfte in den einzelnen Querschnitten auftretenden Biegungsmomente. Zu diesem Zwecke müssen natürlich auch

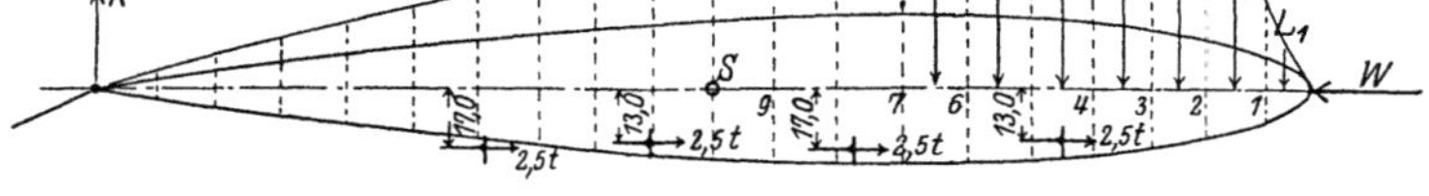

Abb. 20.

die den einzelnen Belastungslamellen entsprechenden Drücke und ihre Schwerpunkte ermittelt sein. Die Summe dieser mit L_1, L_2, $L_3 \ldots$ bezeichneten Kräfte ist gleich $R = 950$ kg.

Unter Bezugnahme auf Skizze Abb. 20 ergeben sich demnach folgende Biegungsmomente (um nicht zu viel Buchstaben einzuführen, greifen die Lamellengewichte näherungsweise in Zellenmitte an):

$$M_1 = L_1 \cdot \frac{12{,}0}{2} \text{ mkg}$$

$$M_2 = L_1 \cdot 18{,}0 + L_2 \cdot \frac{12{,}0}{2}$$

$$M_3 = L_1 \cdot 30{,}0 + L_2 \cdot 18{,}0 + L_3 \cdot \frac{12{,}0}{2}$$

$$M_4 = L_1 \cdot 42{,}0 + L_2 \cdot 30{,}0 + L_3 \cdot 18{,}0 + L_4 \cdot \frac{12{,}0}{2}$$

$$M_5 = L_1 \cdot 54{,}0 + L_2 \cdot 42{,}0 + L_3 \cdot 30{,}0 + L_4 \cdot 18{,}0 + L_5 \cdot \frac{12{,}0}{2} - 2{,}5 \cdot 13{,}0.$$

. . . .

Die Propellermomente sind in den betreffenden Querschnitten als linksdrehend in Abzug zu bringen, und zwar entweder mit dem Hebelarm 13 m oder 17 m. Von der Mitte ab wird es sich empfehlen, der Einfachheit wegen vom Heck aus nach der Mitte vorzurücken. Der besseren Übersicht halber sind diese Momentenordinaten von einer Horizontalen aus aufzutragen, um die Momentenfläche darzustellen.

b) Leerlauf von Zellen. Bei einer Zellenlänge von 12 m wird man auch hier die Einteilung der Längsachse von 12 zu 12 m vornehmen. In den Zellen am Bug und Heck wird wegen der starken Abnahme des Querschnittes durch Auslaufen von Zellen nur ein relativ kleiner Verlust an Auftrieb entstehen. Nun ist jedoch zu berücksichtigen, daß der durch Auslaufen entstehende Tragverlust nicht plötzlich in voller Größe auftritt, und daß während der minutenlangen Dauer schon die Ausgleichmittel einsetzen. Durch besondere Abschottung, wie sie auch bei den neueren Prallschiffprojekten vorgesehen wird, kann überdies dafür gesorgt werden, daß der Gasverlust einen bestimmten Betrag nicht überschreitet. In jedem Falle entscheidet hier die Länge des Hebelarmes über die Größe des auftretenden Momentes, und deshalb sind Gasverluste um so empfindlicher für die Gleichgewichtslage des Schiffes, je weiter sie von dem Schwerpunkt des Schiffes entfernt auftreten. Man erhält den Einfluß jeder Zellenverletzung auf die Festigkeit des Schiffskörpers, wenn man die zugehörigen Biegungsmomente für jeden Querschnitt bestimmt und zwar für jeden Tragverlust getrennt. Dabei kann man mit einem maximalen Tragverlust pro Zelle rechnen, der bei unserem Beispiele 5 t betragen mag.

Beschädigung der vordersten mit Gas gefüllten Zelle.

Ist auch die äußerste Zelle mit Traggas gefüllt, so geht bei Verletzung derselben ein Auftriebsgewicht von $Z_1 = 5$ t verloren, und es drücken dafür 5 t Abtrieb den Bug herunter. Die entsprechende Ruderlage ist aus Abb. 21 ersichtlich. Damit das Schiff nicht „durchfällt“, müssen

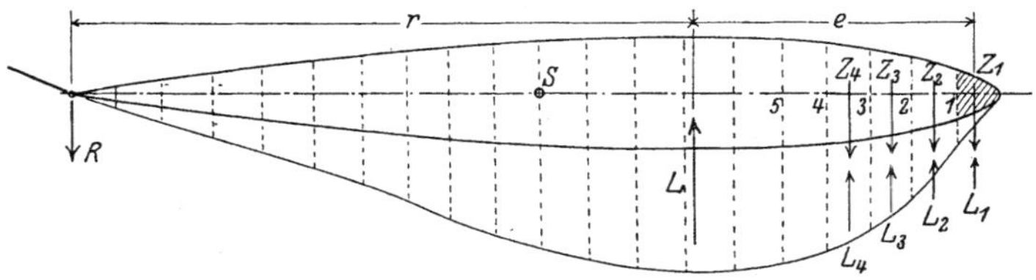

Abb. 21.

die beiden senkrechten Kräfte R und Z_1 durch das bei geneigtem Kiele auftretende „Luftpolster“ ausgeglichen werden. Ebenso muß auch die Gleichgewichtsbedingung $\Sigma M = 0$ erfüllt werden. Hat die resultierende Luftkraft vom Schwerpunkt der ersten Zelle den Abstand e, und sind R und L um den Hebelarm r voneinander entfernt, so muß bei Gleichgewicht sein:

$$R \cdot r = Z_1 \cdot e$$

$$R = Z_1 \cdot \frac{e}{r}$$

Auch hier wird der Einfachheit der Rechnung wegen angenommen, daß alle Streifengewichte in Zellenmitte angreifen.

Läßt sich die äußere Belastungsfläche durch eine Dreieckfläche ersetzen, so werden:

$$r = {}^2/_3 \cdot 240 = 160 \text{ m}; \quad e = 80 - \frac{12{,}0}{2} = 74 \text{ m}$$

$$R = Z_1 \cdot \frac{74}{160} = 0{,}46 \quad Z_1 = 2{,}30 \ t.$$

Da die Summe aller senkrechten Kräfte gleich 0 sein muß, so wird

$$L = 2{,}30 + 5{,}0 = 7{,}30 \text{ t} = L_1 + L_2 + L_3 + L_4 \ldots$$

Ist die Druckkurve durch Modellversuche ermittelt, so sind auch die Zahlenwerte der Streifengewichte genau festzulegen; im anderen Falle ist für eine erste Näherungsrechnung dreieckförmige — also eine jedenfalls ungünstigere als zu erwarten steht — Lastenverteilung anzunehmen von dem Gesamtgewicht 7,30 t und mit dem Schwerpunkt in $^1/_3$ Schiffslänge.

Es treten somit in den einzelnen die Zellen begrenzenden Querschnitten folgende Biegungsmomente auf:

$$M_1 = (5 - L_1) \cdot \frac{12{,}0}{2}$$

$$M_2 = (5 - L_1) \cdot 18{,}0 - L_2 \cdot \frac{12{,}0}{2}$$

$$M_3 = (5 - L_1) \cdot 30{,}0 - L_2 \cdot 18{,}0 - L_3 \cdot \frac{12{,}0}{2}$$

$$M_4 = (5 - L_1) \cdot 42{,}0 - L_2 \cdot 30{,}0 - L_3 \cdot 18{,}0 - L_4 \cdot \frac{12{,}0}{2}.$$

. . . .

Auch hier sind der Einfachheit der Zahlenrechnung wegen die Momente bis zur Schiffsmitte am vorderen Tragkörper zu bestimmen, die andere Hälfte am linken Trägerteil. Dann sind die Momente in dem selben Maßstabe wie vorher von einer Horizontalen als Ordinaten aufzutragen, um die zugehörige Momentenfläche festzulegen.

Beschädigung und Auslauf der 2. mit Traggas gefüllten Zelle. Bei derselben Einteilung des 240 m langen Schiffes ist durch den Tragverlust $Z_2 = 5$ t in der zweiten Zelle eine Ruderkraft R erforderlich von:

$$R = Z_2 \cdot \frac{e}{r} = 5 \cdot \frac{(80 - 18)}{160} = 1{,}935 \text{ t.}$$

Der resultierende Luftdruck beträgt:

$$L = R + Z_2 = 1{,}935 + 5{,}0 = 6{,}935 \text{ t.}$$

Die beim ersten Beispiel gemachten Voraussetzungen gelten auch hier, und es treten demnach folgende Biegungsmomente auf:

$$M_1 = - L_1 \cdot \frac{12{,}0}{2}$$

$$M_2 = - L_1 \cdot 18{,}0 + (5{,}0 - L_2) \cdot \frac{12{,}0}{2}$$

$$M_3 = - L_1 \cdot 30{,}0 + (5{,}0 - L_2) \cdot 18{,}0 - L_3 \cdot \frac{12{,}0}{2}$$

$$M_4 = - L_1 \cdot 42{,}0 + (5{,}0 - L_2) \cdot 30{,}0 - L_3 \cdot 18{,}0 - L_4 \cdot \frac{12{,}0}{2}.$$

. . . .

Hiermit ist die Momentenfläche zu zeichnen.

Beschädigung und Auslauf der 3. Zelle.
Größe der Ruderkraft:

$$R = Z_3 \cdot \frac{e}{r} = 5 \cdot \frac{(80 - 30)}{160} = 1{,}56 \text{ t;}$$

Größe der Luftmittelkraft

$$L = 1{,}56 + 5{,}0 = 6{,}56 \text{ t.}$$

Die zugehörigen Biegungsmomente betragen:

$$M_1 = - L_1 \cdot \frac{12{,}0}{2}$$

$$M_2 = -L_1 \cdot 18{,}0 - L_2 \cdot \frac{12{,}0}{2}$$

$$M_3 = -L_1 \cdot 30{,}0 - L_2 \cdot 18{,}0 + (5{,}0 - L_3) \cdot \frac{12{,}0}{2}$$

$$M_4 = -L_1 \cdot 42{,}0 - L_2 \cdot 30{,}0 + (5{,}0 - L_3) \cdot 18{,}0 - L_4 \cdot \frac{12{,}0}{2} \cdot$$

. . . .

Auch hier ist die Momentenfläche zu zeichnen.

Der Verlauf der Momentkurven zeigt nun deutlich, daß der Einfluß des Auslaufens von Zellen immer geringer wird, je mehr man sich der Schiffsmitte nähert, je kleiner also der zu jedem Tragverlust gehörige Hebelarm wird. Obgleich die Abnahme des Einflusses mit abnehmendem Hebelarm bei der gezeichneten M-Linie am deutlichsten in die Erscheinung tritt, geht diese Tatsache auch schon aus den für die Ruderkraft R errechneten Zahlenwerten hervor. Diese Werte betrugen dem ersten, zweiten und dritten Zellenleerlauf entsprechend 2,30 t, 1,935 t, 1,56 t. Da die Größe und die Zu- bzw. Abnahme der Ruderkraft den sinnfälligsten Maßstab für die Größe und das Verhalten dieser Biegungsmomente darstellt, und da die Abnahme jetzt schon als erwiesen gelten kann, so ist ein weiteres Verfolgen dieser Momente überflüssig.

c) Einfluß des Umtrimmens. Wie in den einleitenden Ausführungen klargelegt, äußert sich die Verschiebung mobiler Lasten in einer Beschwerung des vorderen oder des hinteren Schiffsteiles. Die Hecklastigkeit macht als Ausgleich das Ziehen des Tiefenruders — abwärts gerichtete Ruderklappe — erforderlich. Dadurch treten am Schiffskörper dieselben Belastungszustände auf, wie wir sie im vorhergehenden Abschnitte betrachtet haben. Es handelt sich also nur um die Größenordnung der hier erzielten Beanspruchungen.

Rechnet man bei dem betrachteten Schiffe mit einem Volumen von etwa 200000 cbm, so werden etwa 100 bis 120 t als Gesamtnutzlast zu berücksichtigen sein. Diese Gewichte sind so zu verteilen, daß der Gesamtschwerpunkt (einschließlich der toten Gewichte) unter dem Auftriebsmittel liegt. Dies kann natürlich auch erreicht werden durch Konzentrierung der Lasten an besonders bequem liegenden Punkten, dadurch werden jedoch an diesen Punkten große Differenzen zwischen Abtrieb und Auftrieb auftreten, d. h. große Querkräfte entstehen, welche das Gerippe ungünstig beeinflussen.

Es ist demnach darauf zu sehen, daß sich die Abtriebskurve möglichst mit der Auftriebskurve deckt, wenn diese Kurven die Endpunkte von Ordinaten darstellen, die von der Schiffslängsachse in den einzelnen Querschnittsabschnitten aufgetragen werden als Größendarsteller der dort herrschenden Abtriebs- bzw. Auftriebsgewichte. Auch der Auftrieb bleibt während einer längeren Fahrt nicht konstant wegen der Durchlässigkeit der Stoffe, wegen gelegentlicher Ventilzüge und aus ähnlichen Gründen. Die Außenbelastung der Hülle ändert sich bei Nebel-, Schnee- und Regenfällen. Von besonderem Einflusse sind jedoch die Veränderlichkeit und Abnahme der Betriebsstoff- und Ballastmengen. Von der oben angeführten Nutzlast von 120 t können bei einem solchen Schiffe bei voller Ausnutzung desselben als Transportschiff über möglichst große Strecken unter Umständen nahe an 100 t als Betriebsstoffe in Frage kommen. Die für die Beanspruchung des Schiffes günstigste Lagerung dieser Betriebsstoffe ist demnach ein Problem für sich, wenn folgende Punkte berücksichtigt werden sollen:

1. Gesamtschwerpunkt aller Gewichte muß während der ganzen Fahrtdauer unter dem Auftriebsmittel liegen.

2. In jedem Zellenabschnitte muß Auftrieb gleich Abtrieb sein, und zwar ebenfalls während der ganzen Fahrtdauer.

Besonders die Erfüllung der letzten Bedingung würde einen idealen Fahrbetrieb schaffen und die Führung des Schiffes erheblich entlasten. Bevor jedoch die Schiffe nicht Motoren an Bord haben, die nicht nur mit Benzin oder sonst einem Brennstoffe, sondern auch mit Traggas gespeist werden, und zwar in einem solchen Verhältnisse, daß das Gleichgewicht in keinem Schiffsabschnitte gestört wird, läßt sich dieser Zustand nicht erreichen.

Unter den jetzigen Bedingungen läßt sich gelegentliches Umtrimmen nicht vermeiden, und es müssen daher alle vorauszusehenden möglichen Fälle berücksichtigt werden. Außer der Gesamtdauer der Reise stellen auch bestimmte Fahrtabschnitte ein Maß dar für die zum Umtrimmen verfügbaren Benzinmengen. Wenn nun die Untersuchung für ein konstantes, ausfallendes oder neu hinzukommendes Gewicht, und zwar für jeden Schiffsabschnitt gemacht ist, wie z. B. beim Zellenleerlauf schon gesehen, so wird man den Einfluß des Umtrimmens, d. h. der gewollten, aber auch der ungewollten Bewegung von Lasten immer in Prozenten der in der voraufgegangenen Untersuchung gewonnenen Ergebnisse ausdrücken können.

Bei der Kombinierung der Biegungsmomente wird man also den hier vorliegenden Belastungsfall in Form eines prozentualen Zuschlages zu dem unmittelbar voraufgegangenen erledigen können.

d) Ruderwirkung. Das Problem der Ruderwirkung ist zuerst von dem Spanier Emilio Herrera, Comandante de Ingenieros, Madrid, in der Literatur behandelt worden, und zwar im „Memorial de Ingenieros" anläßlich der Katastrophe des englischen Starrschiffes „R 38" am 24. August 1921.

Die stärkste Wirkung der Steuerbetätigung ist ohne weiteres dann gegeben, wenn bei Höchstgeschwindigkeit des Schiffes plötzlich volle

Steuerausschläge erfolgen; bei sog. „Hartruderlage", und zwar der Höhen- und Seitensteuer. Die auftretende Ruderkraft dreht dabei das Schiff um einen Punkt D der Längsachse, der sich in einem bestimmten Abstande a von dem Schwerpunkt S befindet. Man findet diesen Abstand, wenn man das Massen-Trägheitsmoment des Schiffes durch das Produkt Masse mal Abstand des Schwerpunktes von der drehenden Kraft dividiert. Zu diesem Zwecke ersetzt Herrera das unbekannte Massenträgheitsmoment des Luftschiffes durch das eines möglichst homogenen einfachen Balkens von derselben Länge, so daß sich ergibt:

$$a = \frac{J}{m \cdot \frac{l}{2}} = \frac{m \cdot \frac{l^2}{12}}{m \cdot \frac{l}{2}} = \frac{l}{6}.$$

Den Statiker interessieren die dynamischen Vorgänge nicht so sehr, z. B. hier die Ermittlung der sekundlichen Winkelbeschleunigung bei der Drehung, wozu allerdings eine möglichst angenäherte Bestimmung des Massenträgheitsmomentes selbst erforderlich wäre. Der Wert $\frac{l}{6}$ dürfte ziemlich zutreffend sein, abgesehen von der Annäherung, daß die Ruderkraft am Ende des Schiffes wirkend angenommen ist, was in Wirklichkeit nicht zutrifft. Diese Annäherung ist auch bisher stillschweigend durchgeführt worden, da sie die Momente etwas größer ergibt.

Die durch die Drehung des Schiffes verursachte Winkelbeschleunigung läßt ihrerseits wieder Beschleunigungen in den einzelnen Querschnitten entstehen, die geradlinig mit der Entfernung der Querschnitte vom Drehpunkt anwachsen. Durch diese Beschleunigungen wieder werden in den einzelnen Querschnitten Trägheitskräfte entstehen, die von der Größe der beschleunigten Masse sowie von der Beschleunigung selbst abhängen und die nach außen hin ebenfalls geradlinig anwachsen, da wir mit gleichbleibenden Querschnitten rechnen und nur die Entfernung vom Drehpunkt zu berücksichtigen haben.

Durch das Auftreten dieser Massen- oder Trägheitskräfte, die ihrerseits erst wieder durch die Steuerbetätigung hervorgerufen werden, und die sich vom Drehpunkt geradlinig anwachsend über die Längsachse des Schiffes verteilen, entstehen nun Biegungsbeanspruchungen, die wie folgt ermittelt werden:

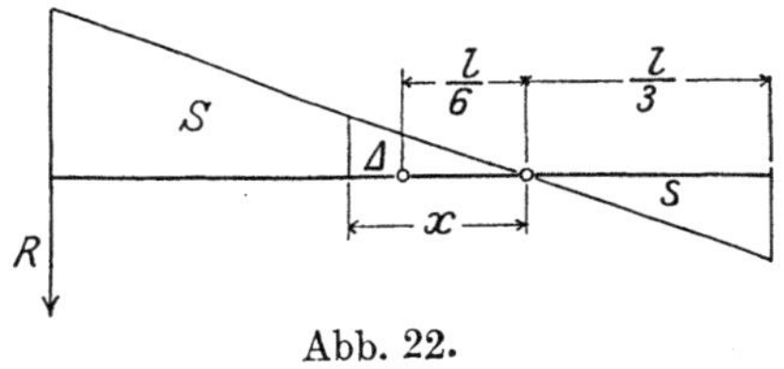

Abb. 22.

Das kleine Dreieck mit dem Inhalte s (s. Abb. 22) stellt das Anwachsen und die Summe der durch die Ruderkraft ausgelösten Trägheitskräfte dar, die im Sinne von R gerichtet sind, das große Dreieck S die durch R ausgelösten entgegengesetzt gerichteten Trägheitskräfte. Die Grundlinie des kleinen Dreiecks ist $\frac{l}{3}$, die des großen $^2/_3\, l$. Dementsprechend verhalten sich die zugehörigen Höhen der Dreiecke wie 1 : 2. Mit diesen Werten beträgt das Verhältnis der beiden Inhalte:

$$\frac{s}{S} = \frac{\frac{1}{2}\, h \cdot \frac{l}{3}}{\frac{1}{2}\, H \cdot \frac{2}{3}\, l} = \tfrac{1}{4}.$$

Da die Summe aller senkrechten Belastungen gleich 0 sein muß, so folgt:

$$R = S - s = 4\, s - s = 3\, s.$$

Die Größe der Höhenruder betrage 75 qm, wozu wir noch schätzungsweise denselben Betrag als wirksam von den Dämpfungsflächen rechnen. Bei einer Fahrtgeschwindigkeit von 33,3 m/sec im Momente des Ruderlegens und unter Voraussetzung einer Widerstandszahl von 0,04 beim Ausschlagen der Ruderklappe ergibt sich eine wirksame Ruderkraft von

$$R = 0{,}04 \cdot 150 \cdot 33{,}3^2 = 6650 \text{ kg}.$$

Gemäß Abb. 22 hat an der Stelle x der Achse das biegende Moment infolge der Dreiecksbelastung die Größe

$$M_x = s\left(\frac{2}{3} \cdot \frac{l}{3} + x\right) - \varDelta \cdot \frac{x}{3}$$

und für unser Zahlenbeispiel mit $l = 240$:

$$M_x = s \cdot \left(\frac{160}{3} + x\right) - \varDelta \cdot \frac{x}{3},$$

$$M_x = \frac{s}{3} \cdot \left(160 + 3x - \frac{\varDelta}{s} \cdot x\right).$$

Nun verhält sich

$$\frac{\varDelta}{s} = \frac{h_\varDelta \cdot x}{h \cdot 80} = \frac{x \cdot x}{80 \cdot 80} = \frac{x^2}{80^2};$$

ferner ist

$$\frac{s}{3} = \frac{R}{9}$$

und es wird:

$$M_x = \frac{R}{9} \cdot \left(160 + 3x - \frac{x^3}{80^2}\right).$$

Ersetzen wir noch R durch seinen Zahlenwert, so erhalten wir den für die zahlenmäßige Durchführung des Beispieles erforderlichen Ausdruck des Biegungsmomentes an einer beliebigen Stelle x vom Drehpunkt:

$$M_x = \frac{6,5}{9} \cdot \left(160 + 3x - \frac{x^3}{80^2}\right).$$

Zur Kontrolle bestimmen wir die Biegungsmomente an beiden Schiffsenden, also für $x = -80$ und für $x = +160$, wo beiderseits $M = 0$ sein muß.

$$x = -80 \text{ m}; \quad M_x = \frac{6,5}{9} \cdot (160 - 240 + 80) = 0$$

$$x = +160 \text{ m}; \quad M_x = \frac{6,5}{9} \cdot (160 + 480 - 640) = 0.$$

Im Einklang mit den vorausgegangenen Untersuchungen geben wir auch hier die Anleitung zu der zahlenmäßigen Durchführung, indem wir die Momente für die einzelnen 12 m voneinander entfernten Schiffsabteilungen aufstellen.

$$x_1 = -68 \text{ m}; \quad M_1 = \frac{6,5}{9} \cdot \left[160 + 3 \cdot (-68) - \frac{(-68)^3}{80^2}\right]$$

$$x_2 = -56 \text{ m}; \quad M_2 = \frac{6,5}{9} \cdot \left[160 + 3 \cdot (-56) - \frac{(-56)^3}{80^2}\right]$$

. . . .

$$x_7 = +\ 4 \text{ m}; \quad M_7 = \frac{6,5}{9} \cdot \left[160 + 3 \cdot 4,0 - \frac{4,0^3}{80^2}\right] \text{ usw.}$$

Der gefährdete Querschnitt wird gefunden durch:

$$\frac{d\,M_x}{d\,x} = 3 - \frac{3x^2}{80^2}$$

$$3 \cdot \left(1 - \frac{x^2}{80^2}\right) = 0; \quad x = \mp 80 \text{ m}.$$

Das Maximalmoment tritt demnach im hinteren Drittel des Schiffes auf, d. h. für $x = +80$ m.

Hierfür wird

$$M_{\max} = \frac{6,5}{9} \cdot \left[160 + 3 \cdot 80 - \frac{80^3}{80^2}\right] = 231 \text{ tm}.$$

Der Einfluß des Seitenruders darf natürlich nicht vernachlässigt werden. Dabei kommt es ganz auf den Ruderausschlag an, und man wird gut tun, auch hier wie beim Höhenruder mit vollem Ausschlage zu rechnen. Beim kreisförmigen Querschnitte des Schiffes ergibt sich hier ein Vorteil dadurch, daß durch die Seitenruderbetätigung die in der horizontalen Schwerachse liegenden Trägerquerschnitte die hauptsächlichen Biegungsbeanspruchungen erleiden, während durch alle übrigen senkrecht wirkenden Momente die First- und Laufgangträger am stärksten beansprucht werden.

Die oben zusammengestellten Biegungsmomente sind nun zu addieren, sodann sind an den einzelnen Stellen des Schiffes die durchgehenden Längsträgerquerschnitte festzustellen, damit das Trägheits- und Widerstandsmoment an den jeweiligen Stellen zu errechnen und zu prüfen, ob das Gerippe in seinem Gesamtaufbau der Biegungsbelastung gewachsen ist.

In einem Zahlenbeispiele, das für ein 300000 cbm-Schiff nach obigen Grundsätzen durchgeführt wurde, ergab sich als Größtmomentenkurve die in Abb. 23 dargestellte M-Linie.

Infolge des großen Einflusses der Ruderbetätigung tritt ein Größtmoment im hinteren Drittel des Schiffes von der Größe 1010 t/m auf. Es wird jedoch noch um etwas übertroffen durch das im vorderen Drittel auftretende absolute Größtmoment von 1050 t/m, das dadurch resultiert, weil aus Sicherheitsgründen bei der vorderen 3. Zelle mit einem größeren Gasausfall gerechnet wurde.

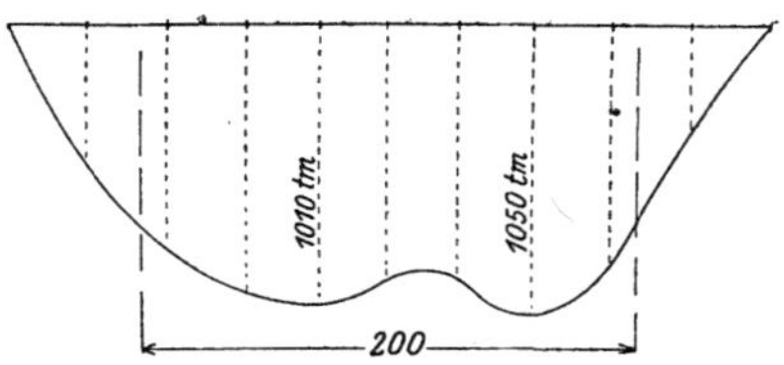

Abb. 23.

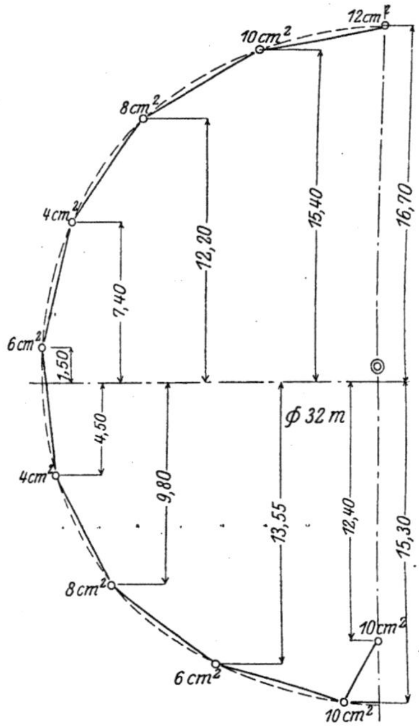

Abb. 24.

Um einen Anhalt zu haben für Trägerquerschnitte, die diesen Biegungsbeanspruchungen gewachsen sind, sei auch die Biegungsbeanspruchung in einem solchen Gerippequerschnitt zahlenmäßig festgestellt.

Das kreisförmige Schiff habe einen Hauptspantdurchmesser von 37 m. Dieser große Querschnitt liegt für die Aufnahme des vorderen Größtmomentes günstig, für die Aufnahme des Größtmomentes im hinteren Drittel ist infolge der Stromlinienform der Durchmesser jedoch schon auf 32 m gesunken. Für diesen Durchmesser sind in Abb. 24 die durchgehenden Gurtquerschnitte der Längsträger sowie die sonstigen Abmessungen angegeben. Als Entfernung der Längsträger, d. h. als

Ringträgerlängen, sind $\sim$ 6 m gewählt, ebenso sind Haupt- und Nebenlängsträger berücksichtigt. Die vollen Querschnitte der Längsträgergurte haben folgende Beträge, vom First des Schiffes anfangend:

1. $12{,}0 + 2 \cdot 10{,}0 + 2 \cdot 8{,}0 + 2 \cdot 4{,}0 + 2 \cdot 6{,}0 + 2 \cdot 4{,}0 + 2 \cdot 8{,}0 + 2 \cdot 6{,}0 + 3 \cdot 10{,}0 = 134$ qcm.

Mit den aus Abb. 24 ersichtlichen Abmessungen ergeben sich bei einem Firstabstande der horizontalen Schwerachse von 16,70 m folgende Werte für die Trägheitsmomente und Widerstandsmomente in bezug auf die Horizontalachse:

$J_x = 2 \cdot 10{,}0 \cdot 1530^2 + 10{,}0 \cdot 1240^2 + 2 \cdot 6{,}0 \cdot 1355^2 + 2 \cdot 8{,}0 \cdot 980^2 + 2 \cdot 4{,}0 \cdot 450^2 + 2 \cdot 6{,}0 \cdot 150^2 + 2 \cdot 4{,}0 \cdot 740^2 + 2 \cdot 8{,}0 \cdot 1220^2 + 2 \cdot 10{,}0 \cdot 1540^2 + 12{,}0 \cdot 1670^2 = 210\,470\,000 \text{ cm}^4.$

$$W_{ox} = \frac{210\,470\,000}{1670} = 126\,000 \text{ ccm}$$

$$W_{ux} = \frac{210\,470\,000}{1530} = 137\,500 \text{ ,,}$$

Bei diesen Widerstandsmomenten treten infolge des im hinteren Drittel des Schiffes herrschenden Größt-Biegungsmomentes folgende Querschnittsbeanspruchungen im First- bzw. Laufgangträger auf:

$$\sigma_o = \frac{101\,000\,000}{126\,000} = 802 \text{ kg/qcm}$$

$$\sigma_u = \frac{101\,000\,000}{137\,500} = 735 \text{ ,,}$$

Diese Beanspruchungen sagen uns an sich noch wenig und müssen näher gedeutet werden.

Duralumin hat eine durchschnittliche Bruchfestigkeit von 38 bis 40 kg/qmm oder von 3800 bis 4000 kg/qcm. Da es sich im Starrschiffe und gerade bei den besonders exponierten First- und Laufgangträgern um schlanke Druckträger handelt, die durch gleichmäßige Belastung quer zur Stabachse auf Biegung, durch zentrische Belastung in Richtung der Stabachse auf Knickung beansprucht werden, so haben wir es hier mit der gefährlichsten Stabbelastung zu tun, wo wegen der hohen Beanspruchungen, die die Grenze oft streifen, bleibende Formänderungen nichts Ungewöhnliches sind und es verbieten, mit vermeintlichen Sicherheitszahlen zu rechnen, die die Bruchgrenze mit einschließen.

So würde es also nicht zulässig sein, in unserem Zahlenbeispiele bei dem Firstträger noch eine Sicherheit gegen Bruch von

$$\mathfrak{S} = \frac{4000}{802} \cong 5$$

und bei den Laufgangträgern von

$$\mathfrak{S} = \frac{4000}{735} = 5\tfrac{1}{2}$$

zu vermuten.

Solche Träger sind selbstverständlich nicht nach der Querschnittsbeanspruchung zu dimensionieren, sondern unterliegen weit verwickelteren Gesetzen. Immerhin hat sich aus der Erfahrung heraus ein Grenzwert gebildet, der bei gut ausgebildeten Trägern von der oben geschilderten kombinierten Beanspruchung erreicht werden kann. Derartige auf Biegung und Knicken beanspruchte Stäbe haben kurz vor dem Ausknicken eine Querschnittsbeanspruchung, die in der Mehrzahl der Fälle 18 kg/qmm nicht übersteigt. Mit Einsetzung dieses Erfahrungswertes ergibt sich hier eine Sicherheit gegen Bruch von (genauere Ermittlung unter: Nachweis der Beanspruchung im Längsträger):

$$\mathfrak{S} = \frac{1800}{802} = 2{,}25$$

oder

$$\mathfrak{S} = \frac{1800}{735} = 2{,}45$$

d. h. eine Sicherheit, die in vielen Fällen nicht erreicht sein wird, die jedoch nach unserer Ansicht mindestens vorhanden sein muß.

Um weiter eine Vorstellung zu haben von den Gewichten, die bei einem Starrschiffe aufgewendet werden müssen, um für diese Belastungsfälle die obigen für erforderlich gehaltenen Mindestsicherheiten zu erzielen, sind auch die zugehörigen Trägergewichte zusammengestellt.

Nach den Ausführungen im konstruktiven Teile stellt sich das Füllungsgewicht der Träger um so günstiger, je schwerer die Gurte sind. Demnach werden wir hier für die Träger mit 4,0 qcm Gurtquerschnitt (s. Abb. 24) für die Füllungen 60%, bei denen mit 6,0 qcm, 8,0 qcm, 10,0 qcm und 12,0 qcm Gurtquerschnitt für die Füllungen bzw. 53%, 45%, 38% und 30% einsetzen. Bei einem spezifischen Gewichte des Duralumins von 2,8 beträgt das Gewicht eines Stabes von 10 qcm Querschnitt pro lfd. m 2,8 kg. Damit ergeben sich für die Längsträger folgende Gewichte:

$$\begin{aligned}
(5 \,.\, 10{,}0 + 38\%) \,.\, 0{,}28 &= 19{,}30 \text{ kg/m} \\
(12{,}0 + 30\%) \,.\, 0{,}28 &= 4{,}37 \text{ ,,} \\
(4 \,.\, 8{,}0 + 45\%) \,.\, 0{,}28 &= 13{,}00 \text{ ,,} \\
(4 \,.\, 6{,}0 + 53\%) \,.\, 0{,}28 &= 10{,}26 \text{ ,,} \\
(4 \,.\, 4{,}0 + 60\%) \,.\, 0{,}28 &= 7{,}17 \text{ ,,} \\
\hline
\Sigma &= 54{,}10 \text{ kg/m}
\end{aligned}$$

Pro Zellenlänge: $12 \cdot 54{,}10 = 650$ kg.

Nach dem Verlaufe der Momentenkurve ist auf etwa 200 m Länge mit diesem Längsträgergewichte zu rechnen, ausschließlich Ringträger und ohne Berücksichtigung der Anschlüsse, Laschen, Nietung, Haupt-

und Nebenverspannung. Weiter soll auf das Gewicht an dieser Stelle nicht eingegangen werden.

Diese Längsträgergewichte werden nur verursacht durch die unter „Festigkeit des Tragkörpers“ zusammengestellten Belastungsfälle, die, wie die späteren Ausführungen unter „Beanspruchungen durch die Füllung“ zeigen, die auftretenden und zu berücksichtigenden Belastungen noch nicht erschöpfend charakterisieren.

In den obigen Momentenkombinationen sind übrigens die Einflüsse von Böen nicht zahlenmäßig festgelegt, dieselben können bei großer Schiffslänge und bei Fahrten über gebirgiges Gelände beträchtlich sein. Bevor genaue Messungen hierüber vorliegen, wird man gut tun, unter allen Umständen an der oben hervorgehobenen reichlich doppelten Sicherheit festzuhalten.

Für Projekte empfiehlt es sich, die zuletzt errechnete Momentensumme als ein Vielfaches des dominierenden Rudermomentes auszudrücken. Das in Abb. 23 dargestellte Größtmoment ist etwa doppelt so groß als das Rudermoment. Bei Voraussetzung der Notwendigkeit einer mindestens zweifachen Sicherheit gegen Bruch gegenüber der Aufnahme obiger kombinierter Biegungsmomente würde also näherungsweise mit der Aufnahme eines vierfachen Ruder-Größtmomentes durch die Längsträger als zugehörig zum Gesamttragkörper zu rechnen sein.

C. Beanspruchungen des Tragwerkes durch die Füllung.

Über die Beanspruchung des Tragwerkes durch die Gasfüllung sind schon im Beginne der Entwicklung der Starrschiffe eingehendere Berechnungen angestellt worden und beim Luftschiffbau Zeppelin ausschließlich. Die nachstehenden Rechnungsarten stammen von einem der ersten Mitarbeiter des Grafen Zeppelin auf theoretisch-wissenschaftlichem Gebiet, dem Diplomingenieur Kober, dessen Nachfolger hierin, Diplomingenieur Dornier, als der eigentliche erste Statiker der Z-Schiffe anzusprechen ist. Von diesem wurde Verfasser während seiner Zugehörigkeit zur Abteilung „Do“ mit der Durchrechnung der Schiffe nach diesen Rechnungsmethoden betraut. Sie dienten hauptsächlich dazu, möglichst viele Vergleichswerte für Starrschiffe gleicher Form, aber von den verschiedensten äußeren Abmessungen zu schaffen, so bezüglich der günstigsten Anordnungen der Haupt- und Nebenverspannung, der Ringentfernung, der Trägerlängen usw.

Man bekommt auch durch sie auf dem schnellsten Wege eine Anschauung von der Größe der durch die Füllung auf die Träger ausgeübten Kräfte.

Man unterscheidet den sog. statischen oder Auftriebsdruck der Gase von dem Betriebsdruck derselben.

Der erstere wächst linear mit der Höhe und ist am First am größten. Der Betriebsdruck ist ein zusätzlicher innerer Überdruck, der nur unten im Schiffe erforderlich ist, um ein festes Anlegen der Zellen an die Verspannungen zu ermöglichen und um ein „Schlottern" der Ballonstoffe zu vermeiden. An sich ist heute der innere Überdruck nur noch beim reinen Prallballon erforderlich, um den Ballon genügend formsteif zu machen. Aber auch beim Prallschiff kommt man heute mit 8 bis 10 mm Wassersäule, d. h. mit 8 bis 10 kg pro qm aus, so daß beim Starrschiff der Betriebsdruck nur noch eine untergeordnete Rolle spielt. Wir werden demnach beim Gasdruck nur an den statischen Druck denken.

Der Gasdruck preßt die Hülle der Zellen fest an die sekundäre Verspannung, die wieder diese Belastung auf die Längs- u. Ringträger bringt. Die einzelnen Felder dieser Verspannungen werden in der Längsrichtung begrenzt durch Längsträger, senkrecht dazu durch Ringträger. Der Gasdruck steht normal zu der durch die begrenzenden Träger gebildeten Ebene. Dieser Normaldruck ergibt sich bei einer Höhe der Mitte dieses Verspannungsfeldes über den Zellenboden von h, einer Länge des Feldes l und einer Breite s — Längsträgerentfernung oder Ringträgerlänge — zu:

$$N = h \cdot l \cdot s \cdot 1{,}15\,\text{kg}.$$

Die Summe der senkrechten Komponenten der Normaldrücke gibt den Auftrieb.

Ist z die Anzahl der in einem solchen Felde vorhandenen Verspannungsdrähte, so erhält jeder Draht eine gleichmäßig über seine Länge a verteilte Belastung

$$q = \frac{N}{z},$$

die ihrerseits an jedem Ende eines ganzen Drahtes eine Zugkraft

$$Z = \frac{q \cdot a}{8 f}$$

erzeugt, wenn f der Durchhang in Drahtmitte ist. Die Drahtrichtungen sind unter einem Winkel gegen die Trägerrichtungen geneigt. Jeder Drahtzug wird daher in eine Komponente

$$Z_v = Z \cdot \sin\alpha$$

senkrecht zur Längsträgerachse und in eine Komponente

$$Z_h = Z \cdot \cos\alpha$$

in Richtung der Längsträgerachse zerlegt. Da nach Abb. 25 von jedem Verspannungspunkte 2 Drähte unter gleichem Neigungswinkel, aber nach entgegengesetzten Richtungen laufen, so heben sich z. B. bei Punkt 4 die Komponenten $Z \cdot \cos\alpha$ gegenseitig auf, während bei den

Punkten 3, 2, 1 und 5, 6, 7 der nach der Trägermitte gerichtete Drahtzug überwiegt. Diese mit der Längsachse der Träger zusammenfallenden Drahtzüge, die nach den Enden zu anwachsen, beanspruchen die Träger auf Druck bzw. Knicken. Die Komponenten $Z \cdot \sin\alpha$ belasten die Träger quer zur Stabachse und beanspruchen dieselben auf Biegung. Drehen wir das Belastungsbild um

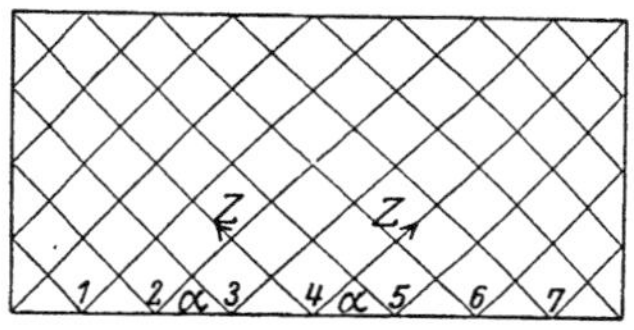

Abb. 25.

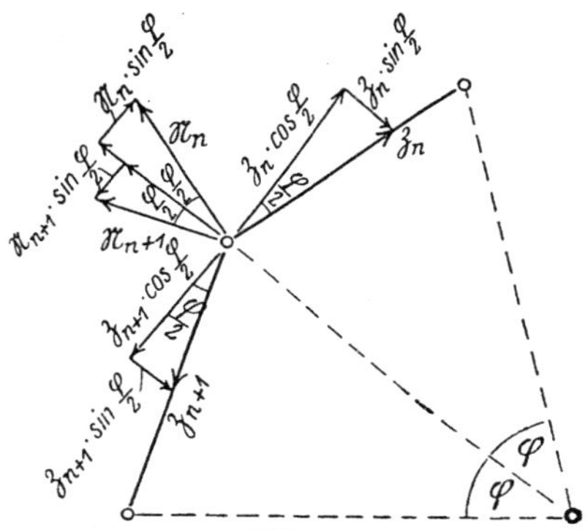

Abb. 26.

90°, so haben wir denselben Belastungsvorgang bei den Ringträgern.

Wir fassen die auf Biegung beanspruchenden Querkomponenten, die auf einen Längsträger entfallen, und die wegen der dichten Verspannung als gleichförmig verteilte Belastung angesehen werden können, zusammen und bezeichnen die Summe eines Feldes mit

$$\mathfrak{Z} = \Sigma\, Z \cdot \sin\alpha .$$

Abb. 26 stellt eine Ringecke dar. Durch Punkt n läuft ein Längsträger senkrecht zur Zeichenebene; er trennt 2 Verspannungsfelder. $\mathfrak{Z}_n$ bzw. $\mathfrak{Z}_{n+1}$ stellen die Summen der $Z \cdot \sin\alpha$ im oberen bzw. unteren Felde dar, wobei $\mathfrak{Z}_n$ größer als $\mathfrak{Z}_{n+1}$ ist, da diese Kräfte wegen des nach dem Zellenboden hin abnehmenden Auftriebes ebenfalls nach unten hin abnehmen müssen. Der normal zum Felde wirkende Gasdruck gibt an jeden begrenzenden Knoten bzw. Längsträger die Hälfte seines Wertes als senkrecht zum Ringträger gerichteten Lagerdruck ab. Denken wir uns den im Knoten n durchgehenden Längsträger als rechteckigen Träger ausgebildet, dessen große Achse nach dem Ringmittelpunkt gerichtet ist und dessen kleine Achse im Punkte n senkrecht auf dem zugehörigen Radius steht, so liegt es nahe, die in n angreifenden Kräfte $\mathfrak{Z}_n$, $\mathfrak{Z}_{n+1}$, $\mathfrak{N}_n$, $\mathfrak{N}_{n+1}$ nach den Richtungen der Trägerachsen zu zerlegen.

Mit den aus Abb. 26 ersichtlichen Bezeichnungen ergibt sich eine zentrisch gerichtete Kraft

$$C = (\mathfrak{N}_n + \mathfrak{N}_{n+1}) \cdot \cos\frac{\varphi}{2} - (\mathfrak{Z}_n + \mathfrak{Z}_{n+1}) \cdot \sin\frac{\varphi}{2}$$

und eine tangential gerichtete Kraft

$$T = (\mathfrak{Z}_n - \mathfrak{Z}_{n+1}) \cdot \cos\frac{\varphi}{2} + (\mathfrak{N}_n - \mathfrak{N}_{n+1}) \cdot \sin\frac{\varphi}{2}\,.$$

Um auch hier eine Anschauung von der zahlenmäßigen Größe der auftretenden Biegungs- und Druckkräfte zu geben, ist ein Beispiel durchgerechnet für eine Abteilung von 5,0 m Länge, und zwar beim Hauptspant von 40 m Durchmesser. Dieses Beispiel entspricht einer Hauptringentfernung von $2 \cdot 5{,}0 = 10{,}0$ m bei einem Schiffe von etwa 300000 cbm.

Die Größen der in den einzelnen Feldern auftretenden Normalkräfte gehen aus Abb. 27 hervor,

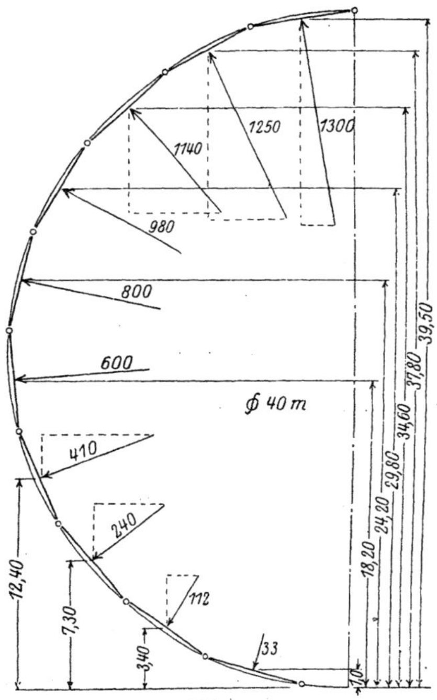

Abb. 27.

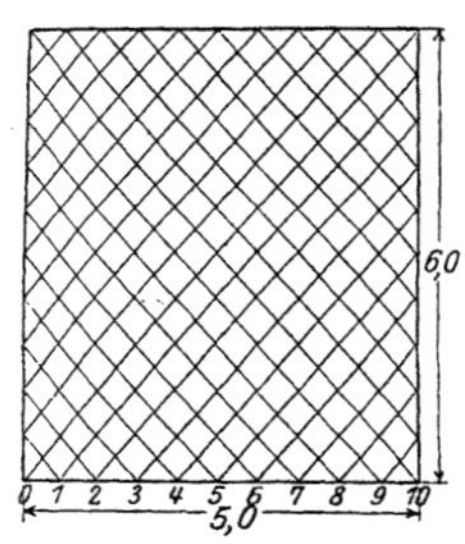

Abb. 28.

die Art der Verspannung aus Abb. 28. In einem Felde von $5{,}0 \cdot 6{,}0$ qm gibt es folgende Drähte und Längen:

2 Stück	von	$^{10}/_{10}$	Länge	38 Stück.
4 „	„	$^{9}/_{10}$	„	
4 „	„	$^{8}/_{10}$	„	
4 „	„	$^{7}/_{10}$	„	
4 „	„	$^{6}/_{10}$	„	
4 „	„	$^{5}/_{10}$	„	
4 „	„	$^{4}/_{10}$	„	
4 „	„	$^{3}/_{10}$	„	
4 „	„	$^{2}/_{10}$	„	
4 „	„	$^{1}/_{10}$	„	

Verspannungswinkel $\alpha = 50^0\,10'$.
Ganze Drahtlänge $a = \sqrt{5{,}0^2 + 6{,}0^2} = 7{,}81$ m.
Belastung des längsten Drahtes:

$$q = \frac{N}{2 + \frac{4}{10} \cdot (9 + 8 + 7 + \ldots + 1)} = \frac{N}{20}.$$

Der Durchhang f des längsten Drahtes betrage 40 cm, das sind etwa $\frac{a}{20}$. Damit ergibt sich der Drahtzug

$$Z = \frac{q \cdot a}{8f} = \frac{N}{20} \cdot \frac{781}{40} \cdot \frac{1}{8} = 0{,}122\ N.$$

Mit diesen Werten sind zuerst die Horizontal- und Vertikalkomponenten der Drahtzüge, $Z \cdot \cos\alpha$ und $Z \cdot \sin\alpha$, ermittelt und zu den in Richtung der Trägerlängsachse wirkenden Kräften sowie zu den senkrecht zur Achse wirkenden zusammengestellt.

Punkt	Kräfte in Richtung der Trägerachse
0 und 10	je $Z \cdot \cos\alpha = 2\ Z \cdot \cos\alpha$
1 „ 9	„ $^8/_{10}$ „ „ $= 1{,}6$ „ „
2 „ 8	„ $^6/_{10}$ „ „ $= 1{,}2$ „ „
3 „ 7	„ $^4/_{10}$ „ „ $= 0{,}8$ „ „
4 „ 6	„ $^2/_{10}$ „ „ $= 0{,}4$ „ „
5	0
	$\Sigma = 6{,}0\ Z \cdot \cos\alpha$
	$S = 6 \cdot Z \cdot \cos\alpha = 6 \cdot 0{,}122\ N \cdot 0{,}641 = 0{,}468\ N$

Punkt	Kräfte senkrecht zur Trägerachse
0 und 10	je $Z \cdot \sin\alpha = 2\ Z \cdot \sin\alpha$
1 „ 9	„ $^9/_{10}\ Z \cdot \sin\alpha + {}^1/_{10}\ Z \cdot \sin\alpha = 2$ „ „
2 „ 8	„ $^8/_{10}$ „ „ $+ {}^2/_{10}$ „ „ $= 2$ „ „
3 „ 7	„ $^7/_{10}$ „ „ $+ {}^3/_{10}$ „ „ $= 2$ „ „
4 „ 6	„ $^6/_{10}$ „ „ $+ {}^4/_{10}$ „ „ $= 2$ „ „
5	$2 \cdot {}^5/_{10}\ Z \cdot \sin\alpha = 1$ „ „
	$\Sigma = 11 \cdot Z \cdot \sin\alpha$
	$\mathfrak{Z} = 11 \cdot Z \cdot \sin\alpha = 11 \cdot 0{,}122\ N \cdot 0{,}768 = 1{,}03\ N.$

Es sind 21 Ringstäbe von 6,0 m Länge vorhanden, und es gehört zu jeder Sehne ein Winkel am Mittelpunkt von $\frac{360^0}{21} = 17^0\ 8^1/_2{}'$.

$$\frac{\varphi}{2} = 8^0\ 34^1/_4{}'; \quad \sin\frac{\varphi}{2} = 0{,}149; \quad \cos\frac{\varphi}{2} = 0{,}989.$$

Hiermit sind die in die Achsrichtungen der Trägerquerschnitte fallenden Kräfte C und T sowie die Druckkräfte S berechnet und in folgender Tabelle zusammengestellt:

Feld	N	$\mathfrak{Z}$	$\mathfrak{Z}_n + \mathfrak{Z}_{n+1}$	$\mathfrak{Z}_n - \mathfrak{Z}_{n+1}$	$\mathfrak{N}_n$	$\mathfrak{N}_{n+1}$	$\mathfrak{N}_n + \mathfrak{N}_{n+1}$	$\mathfrak{N}_n - \mathfrak{N}_{n+1}$	C	T	S
I	1300	1340	2680	0	650	650	1300	0	886	0	1220
II	1250	1290	2630	50	650	625	1275	25	868	53	1170
III	1140	1175	2465	115	625	570	1195	55	812	122	1070
IV	980	1010	2185	165	570	490	1060	80	674	175	920
V	800	825	1835	185	490	400	890	90	607	196	750
VI	600	619	1444	206	400	300	700	100	477	219	562
VII	410	423	1042	196	300	205	505	95	345	208	384
VIII	240	247	670	176	205	120	325	85	221	187	225
IX	112	115	362	132	120	56	176	64	122	141	105
X	33	34	149	81	56	—	—	—	—	—	31

Aus der Zusammenstellung folgt, daß die infolge des inneren Überdruckes auftretenden Belastungen der Träger auf keinen Fall unterschätzt werden dürfen. Bei den älteren Z-Schiffen und auch bei den Schiffsbauten während des Krieges wurden Probebelastungen durch Steigerung des inneren Überdruckes als in der Hauptsache maßgebend für die Festigkeit des Schiffes angesehen, womit allerdings nur eine besonders für Verkehrsschiffe unzureichende Sicherheit erreicht werden kann.

In welcher Weise die in den beiden letzten Abschnitten errechneten Belastungen und Spannkräfte kombiniert werden können, soll im folgenden Teile geschildert werden.

D. Nachweis der Beanspruchung im verspannten, durchlaufenden Längsträger.

Aus dem Abschnitte „Festigkeit des Tragkörpers" resultierte für die durch Abb. 24 charakterisierten Querschnittsverhältnisse und Abmessungen eine Beanspruchung in den Randträgern von 802 bzw. 735 kg pro qcm. Im ersteren Falle lag ein Firstträger mit einem durchgehenden Gurtquerschnitte von 12 qcm zugrunde. Der obigen Querschnittsbeanspruchung entspricht also eine Spannkraft von $802 \cdot 12 = 9624$ kg.

Diese Spannkraft müßte nach den Ansprüchen, die man an eine solide Konstruktion zu stellen berechtigt ist, bis auf den doppelten Betrag gesteigert werden können.

Zu dieser Beanspruchung des Querschnittes durch die Biegungsmomente der äußeren Kräfte kommt noch der Einfluß der zuletzt errechneten Kräfte S, C und T. Diese Belastungen müssen logischerweise den Trägerquerschnitt noch in einer Verfassung treffen, die ihm die bequeme Aufnahme dieser ständig wirkenden Kräfte ermöglicht, d. h. es ist auch hier mit einer 2fachen Sicherheit gegen Bruch zu rechnen.

Für den Firstträger eines Hauptspantes bei 5 m freier Trägerlänge kommt demnach eine zentrische Bruchbelastung von

$$2 \cdot (9624 + 1220) = 21\,688 \text{ kg}$$

in Frage. Schon für diese Belastung würde der Trägerquerschnitt von 12 qcm nicht ausreichen. Hinzu kommt noch die auf Biegung beanspruchende Querbelastung in Höhe von

$$2 \cdot 886 = 1772 \text{ kg}.$$

Beim Nachweis der kombinierten Beanspruchung verstärken wir demnach von vornherein den Träger um etwa 50%.

Der Träger habe die in Abb. 29 skizzierten Abmessungen. Querschnitt und Querschnittsmomente ergeben sich zu:

$$f = (4{,}0 \cdot 0{,}3 + 3{,}7 \cdot 0{,}3) \cdot 8 = 18{,}48 \text{ qcm}$$

$$J_x = 8 \cdot 4{,}0 \cdot 0{,}3 \cdot 14{,}85^2 + 8 \cdot 3{,}7 \cdot 0{,}3 \cdot 12{,}85^2 = 3580 \text{ cm}^4$$

$$W_x = \frac{3580}{15{,}0} = 239 \text{ ccm.}$$

Der Längsträger im Gerippe ist ein Träger auf vielen Stützen. Ein solcher als eingespannt zu betrachtender, auf Biegung und Druck beanspruchter schlanker Träger hat nach Müller-Breslau ein größtes Feldmoment von

$$M_{\max} = \frac{D_1}{\cos \frac{x}{k}} - p \cdot k^2.$$

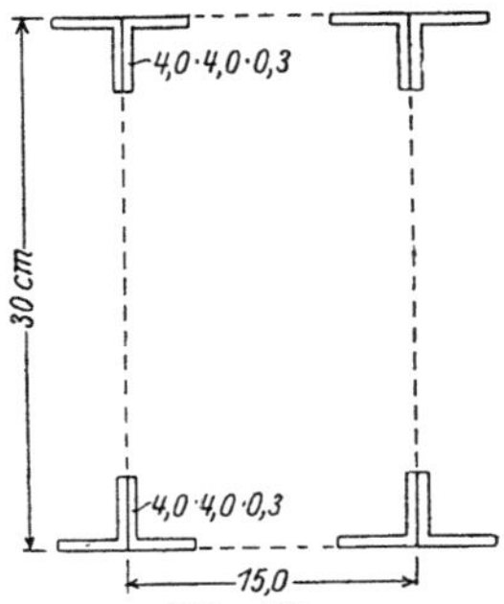

Abb. 29.

Vor der Benutzung dieser Formel sind folgende Ersatzwerte zu ermitteln:

$$\operatorname{tg} \frac{x}{k} = \frac{C_2}{C_1}$$

$$C_1 = \frac{D_1}{S} \text{ und } C_2 = \frac{1}{S} \cdot \left(\frac{D_2}{\sin \frac{l}{k}} - D_1 \cdot \operatorname{ctg} \frac{l}{k} \right)$$

$$D_1 = M_A + p \cdot k^2 \text{ und } D_2 = M_B + p \cdot k^2$$

$$k^2 = \frac{E \cdot J}{S} \text{ und } p = \text{Belastung in kg pro 1 cm Länge.}$$

Die Einspannungsmomente M_A und M_B sind wegen der symmetrischen Belastung gleich groß und werden vorläufig zu $\frac{Q \cdot l}{12}$ angenommen.

$$M_A = M_B = 1772 \cdot \frac{500}{12} = 74000 \text{ cmkg}$$

$$k^2 = \frac{600000 \cdot 3580}{21688} = 99000$$

$$k = 314 \text{ cm} \qquad p = \frac{1772}{500} = 3{,}54 \text{ kg/cm}$$

$$D_1 = -74000 + 3{,}54 \cdot 99000 = 276000 \text{ cm/kg}$$

$$D_2 = 276000 \text{ cm/kg aus Symmetriegründen.}$$

$$C_1 = \frac{276000}{21688} = 12{,}70$$

$$\frac{l}{k} = \frac{500}{314} = 1{,}59 \text{ als Länge gemessen,}$$

$$\frac{l}{k} \cong 90^0 \quad \text{als Winkel gemessen.}$$

$$\sin\frac{l}{k} = 1{,}0 \qquad \operatorname{ctg}\frac{l}{k} = 0$$

$$C_2 = \frac{1}{21688} \cdot \left(\frac{276000}{1{,}0} - 0\right) = 12{,}70 = C_1$$

$$\operatorname{tg}\frac{x}{k} = \frac{12{,}70}{12{,}70} = 1{,}0\,.$$

$$\frac{x}{k} = 45^0 \quad \text{oder im Bogenmaß gemessen:} \quad \frac{x}{k} = 0{,}785$$

$$x = 0{,}785 \cdot 314 \cong 250 \text{ cm.}$$

Symmetrische Belastung vorausgesetzt, muß das größte Feldmoment natürlich in Trägermitte auftreten.

Mit $\cos\frac{x}{k} = 0{,}707$ und $p \cdot k^2 = 350000$ ergibt sich schließlich

$$M_{\max} = \frac{276000}{0{,}707} - 350000 = 41000 \text{ cm/kg.}$$

Innerhalb der Abstützung beträgt demnach die größte Beanspruchung im oben gewählten Trägerquerschnitt:

$$\sigma_{\max} = \frac{21688}{18{,}48} + \frac{41000}{239} = 1347 \text{ kg/cm}^2.$$

Zur Ermittlung der Knotenpunktsmomente dienen die von Reissner und Schwerin erweiterten Müller-Breslauschen Formeln.

Nach diesen beträgt das Knotenmoment:

$$M_{m-1} \cdot \psi_m'' + M_m \cdot (\psi_m' + \psi_{m+1}'') + M_{m+1} \cdot \psi_{m+1}''' = \Delta\vartheta_m + \frac{p_m \cdot l_m}{S_m} \cdot \nu_m''' + \frac{p_{m+1} \cdot l_{m+1}}{S_{m+1}} \nu_{m+1}'''\,.$$

Der Einfluß der Randwinkeländerung $\Delta\vartheta_m$ kann hier nicht weiter verfolgt werden und wird vernachlässigt.

Folgende Ersatzwerte sind hier zu ermitteln:

$$\nu' = 1 - \frac{\frac{l}{k}}{\operatorname{tg}\frac{l}{k}}\,; \quad \nu'' \frac{\frac{l}{k}}{\sin\frac{l}{k}} - 1; \quad \nu''' = \frac{1 - \cos\frac{l}{k}}{\frac{l}{k} \cdot \sin\frac{l}{k}} - \frac{1}{2}\,.$$

Die Werte ψ sind durch $\frac{\nu}{S \cdot l}$ zu ersetzen.

Mit Einsetzung der Zahlenwerte ergibt sich:

$$\nu' = 1 - \frac{1{,}59}{\operatorname{tg}\frac{l}{k}} = 1 - \frac{1{,}59}{\infty} = 1{,}0$$

$$\nu'' = \frac{1,59}{\sin\frac{l}{k}} - 1 = \frac{1,59}{1,0} - 1 = 0,59$$

$$\nu''' = \frac{1 - \cos 90^0}{1,59 \cdot \sin 90^0} - \frac{1}{2} = \frac{1 - 0}{1,59 \cdot 1,0} - \frac{1}{2} = 0,13\,.$$

Bei der Kleinheit der Werte $\psi = \frac{\nu}{S \cdot l}$ empfiehlt sich hier eine Umformung der Dreimomentengleichung.

$$M \cdot \psi'' + M \cdot (\psi' + \psi') + M \cdot \psi'' = \frac{p \cdot l}{S} \cdot \nu''' + \frac{p \cdot l}{S} \cdot \nu'''$$

$$2\,M \cdot \psi'' + 2\,M\,\psi' = 2\frac{pl}{S} \cdot \nu'''$$

$$M \cdot \psi'' + M \cdot \psi' = \frac{p \cdot l}{S} \cdot \nu'''$$

$$M \cdot \left(\frac{\nu''}{S \cdot l} + \frac{\nu'}{S \cdot l}\right) = \frac{p \cdot l}{S} \cdot \nu'''$$

$$M\,(\nu'' + \nu') = p \cdot l^2 \cdot \nu'''$$

$$M = p \cdot l^2 \cdot \frac{\nu'''}{\nu'' + \nu'} = 3,54 \cdot 500^2 \cdot \frac{0,13}{1,59} = 72\,500 \text{ cm/kg}\,.$$

Damit beträgt die Querschnittsbeanspruchung in der Nähe des Knotens:

$$\sigma_{\max} = \frac{21\,688}{18,48} + \frac{72\,500}{239} = 1479 \text{ kg/cm}^2.$$

Diese Beanspruchung von ∼ 1500 kg pro qcm dürfte als mit der tatsächlichen Bruchfestigkeit des Materials unter dieser kombinierten Belastung übereinstimmend anzusehen sein.

Der oben begonnene Gewichtsüberschlag für die Längsträger könnte demnach etwa wie folgt fortgesetzt werden:

Auf 12 m Zellenlänge und zur Aufnahme der äußeren Biegungsmomente sind erforderlich:

	650 kg	
hinzu kommen 50% =	325 „	gemäß der letzten Untersuchung,
„ „ 25% =	244 „	für die zugehörige Verspannung, Laschen und Anschlüsse,
zusammen	1219 kg.	

Für die mittlere Schiffslänge von 200 m eines 300000 cbm-Schiffes etwa $\frac{200}{12} \cdot 1219 = 20\,300$ kg.

Im zuletzt durchgeführten Zahlenbeispiele ist zwar der Nachweis geführt, daß beim Firstträger zur Aufnahme der bisher ermittelten Belastungen ein Querschnittszuschlag von etwa 50% erforderlich ist. Der Gedanke liegt jedoch nahe, ob dieser Zuschlag auch bei den übrigen Längsträgern erforderlich ist, die der neutralen Achse näher liegen, bei denen also die aus den äußeren Biegungsmomenten herrührenden Querschnittsbeanspruchungen und damit Spannkräfte wesentlich geringer werden. Je mehr sich die Träger der neutralen Achse nähern, um so geringer werden auch die aus dem inneren Überdruck herrührenden zentrischen Spannkräfte S, ebenso die nach der Ringmitte zu gerichteten Belastungen C, wohingegen die tangentialen Belastungen T anwachsen. Die Träger werden jedoch ebenfalls schwächer und werden vor allen Dingen sowohl in Richtung der großen als auch der kleinen Achse beansprucht. Der erfahrene Statiker sieht schon aus diesen Belastungsverhältnissen, daß die Beanspruchungen jedenfalls nicht — oder nur unwesentlich — günstiger werden können.

Der Nachweis, daß der obige Zuschlag auch für die übrigen Längsträger in Frage kommt, ist für einen Trägerquerschnitt von 6,0 qcm und einem Abstande von 12 m von der Nullachse geführt; dabei soll die horizontale Schwerachse vom First des Schiffes einen Abstand haben von 20 m; also Verhältnisse, wie sie dem zuletzt betrachteten Hauptspant von 40 m Durchmesser entsprechen. Die Querschnittsbeanspruchung in diesem Träger ist

$$\sigma = \frac{12{,}0}{20{,}0} \cdot \sigma_{\max} = \frac{12{,}0}{20{,}0} \cdot 800 = 480 \text{ kg/cm}^2,$$

die zugehörige Spannkraft

$$S = 6{,}0 \cdot 480 = 2880 \text{ kg}.$$

Der entsprechende Wert für die Spannkraft infolge des Gasdruckes ist 920 kg, so daß sich aus diesen Belastungsverhältnissen für die Bruchgrenze eine Spannkraft ergibt von:

$$S_{\max} = 2 \cdot (2880 + 920) = 7600 \text{ kg}.$$

Die biegende Belastung quer zur Stabachse beträgt in Richtung der großen Achse, und zwar für den Bruchfall $2 \cdot 674 = 1348$ kg und in Richtung der kleinen Achse $2 \cdot 175 = 350$ kg. Diese beiden Belastungen verhalten sich zu einander wie 3,85 : 1, während die hierzu als erforderlich erachteten Trägheitsmomente sich wie 3,15 : 1 verhalten, so daß es nahe liegt, die Spannkraft $S_{\max}$ im Verhältnis von etwa 3,5 : 1 den beiden quer zur Trägerlängsachse wirkenden Belastungen zuzuteilen.

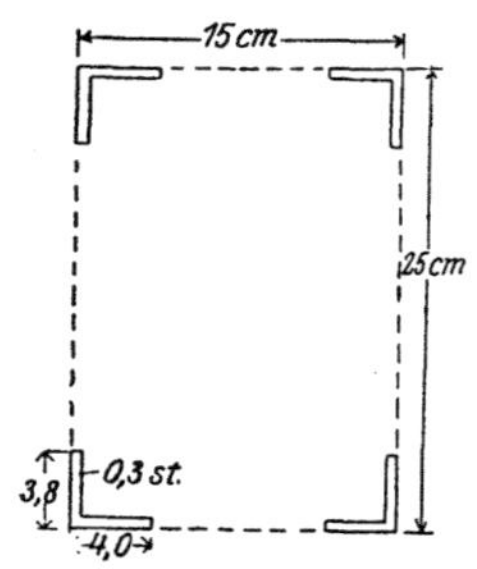

Abb. 30.

Es sind also 2 Belastungsfälle getrennt voneinander zu behandeln. Zuerst eine Biegungsbelastung von 1348 kg und eine dazugehörige Druckbelastung von 5900 kg, sodann eine

Biegungsbelastung von 350 kg und ein zugehöriger Druck von 1700 kg.

Gewählt ist der vorstehende Querschnitt.

$$f = 4 \cdot (4{,}0 \cdot 0{,}3 + 3{,}5 \cdot 0{,}3) = 9{,}0 \text{ qcm}$$

$$J_x = 4 \cdot 1{,}2 \cdot 12{,}35^2 + 4 \cdot 1{,}05 \cdot 10{,}45^2 = 1190 \text{ cm}^4$$

$$J_y = \frac{0{,}6}{12} \cdot (15{,}0^3 - 7{,}0^3) + \frac{7{,}0}{12} \cdot (15{,}0^3 - 14{,}4^3) = 379 \text{ cm}^4.$$

$$W_x = \frac{1190}{12{,}5} = 95 \text{ cm}^3$$

$$W_y = \frac{379}{7{,}5} = 50 \quad ,,$$

1. Belastungsfall. Ermittlung des Feldmomentes.

$$k^2 = \frac{600000 \cdot 1190}{5900} = 121000; \qquad k = 348 \text{ cm}$$

$$p = \frac{1348}{500} \text{ kg pro cm} = 2{,}7 \text{ kg/cm}; \quad p \cdot k^2 = 327000 \text{ cm/kg}$$

$$M_A = M_B = 1348 \cdot \frac{500}{12} = 56200 \text{ cm/kg (näherungsweise)}$$

$$D_1 = -56200 + 327000 = 270800 \text{ cm/kg} = D_2$$

$$\frac{l}{k} = \frac{500}{348} = 1{,}435 \text{ im Bogenmaß und } 82^0 \text{ im Winkelmaß.}$$

$$\sin \frac{l}{k} = 0{,}990; \quad \operatorname{ctg} \frac{l}{k} = 0{,}141$$

$$C_1 = \frac{270800}{5900} = 45{,}9$$

$$C_2 = \frac{1}{5900} \cdot \left(\frac{270800}{0{,}990} - 270800 \cdot 0{,}141\right) = 40$$

$$\operatorname{tg} \frac{x}{k} = \frac{40{,}0}{45{,}9} = 0{,}872; \quad \frac{x}{k} = 41^0 10' \text{ oder } 0{,}72 \text{ im Bogenmaß.}$$

$$x = 0{,}72 \cdot 348 = 250 \text{ cm}$$

$$M_{\text{Feld}} = \frac{270800}{0{,}753} - 327000 = 33000 \text{ cm/kg}$$

$$\sigma_{\text{Feld}} = \frac{5900}{9{,}0} + \frac{33000}{95} = 1003 \text{ kg/cm}^2$$

Ermittlung des Knotenmomentes.

$$\nu' = 1 - \frac{1{,}435}{7{,}12} = 0{,}798$$

$$\nu'' = \frac{1{,}435}{0{,}990} - 1 = 0{,}45$$

$$\nu''' = \frac{1 - 0{,}139}{1{,}435 \cdot 0{,}99} - 0{,}5 = 0{,}106$$

$$M_{\text{Knoten}} = p \cdot l^2 \cdot \frac{\nu'''}{\nu' + \nu''} = \frac{2{,}7 \cdot 250000 \cdot 0{,}106}{1{,}248} = 57\,300 \text{ cm/kg}$$

$$\sigma_{\text{Knoten}} = \frac{5900}{9{,}0} + \frac{57\,300}{95} = 1259 \text{ kg/cm}^2$$

2. Belastungsfall. Ermittlung des Feldmomentes.

$$k^2 = \frac{600\,000 \cdot 379}{1700} = 134000; \quad k = 366$$

$$p = \frac{350}{500} = 0{,}70 \text{ kg/cm}; \quad p \cdot k^2 = 93\,800$$

$$M_A = M_B = 350 \cdot \frac{500}{12} = 14\,600 \text{ cm/kg}$$

$$D_1 = -14\,600 + 93\,800 = 79\,200 \text{ cm/kg} = D_2$$

$$\frac{l}{k} = \frac{500}{366} = 1{,}365 \text{ oder } 78^0$$

$$\sin\frac{l}{k} = 0{,}978; \quad \operatorname{ctg}\frac{l}{k} = 0{,}213$$

$$C_1 = \frac{79\,200}{1700} = 46{,}5$$

$$C_2 = \frac{1}{1700} \cdot \left(\frac{79200}{0{,}978} - 79\,200 \cdot 0{,}213\right) = 37{,}8$$

$$\operatorname{tg}\frac{x}{k} = \frac{37{,}8}{46{,}5} = 0{,}814; \quad \frac{x}{k} = 39^0\,10' \text{ oder } 0{,}68$$

$$x = 0{,}68 \cdot 366 = 249 \sim 250 \text{ cm}$$

$$M_{\text{Feld}} = \frac{79\,200}{0{,}775} - 93\,800 = 8200 \text{ cm/kg}$$

$$\sigma_{\text{Feld}} = \frac{1700}{9{,}0} + \frac{8200}{50} = 353 \text{ kg/cm}^2$$

Ermittlung des Knotenmomentes.

$$\nu' = 1 - 1{,}365 \cdot 0{,}213 = 0{,}709$$

$$\nu'' = \frac{1{,}365}{0{,}978} - 1 = 0{,}395$$

$$\nu''' = \frac{1 - 0{,}208}{1{,}365 \cdot 0{,}978} - \frac{1}{2} = 0{,}093$$

$$M_{\text{Knoten}} = \frac{0{,}70 \cdot 250\,000 \cdot 0{,}093}{1{,}104} = 14\,800 \text{ cmkg}$$

$$\sigma_{\text{Knoten}} = \frac{1700}{9{,}0} + \frac{14\,800}{50{,}0} = 485 \text{ kg/cm}^2$$

Die Gesamtbeanspruchung des Trägers in Feldmitte beträgt demnach:

$$\sigma_{\text{Feld}} = 1003 + 353 = 1356 \text{ kg/cm}^2$$

und in der Nähe des Knotens:

$$\sigma_{\text{Knoten}} = 1259 + 485 = 1744 \text{ kg/cm}^2.$$

Die Beanspruchung wird also trotz der größeren Nähe der neutralen Faser bei den schwächeren Trägern größer als bei den stärkeren Randträgern, und ein allgemeiner Zuschlag von 50% für die Aufnahme der Gasdrücke dürfte demnach durchaus als gerechtfertigt erscheinen.

Es ist hier nicht der Ort, um eine bis in alle Einzelheiten gehende statische und Gewichtsberechnung eines solchen Schiffes der Zukunft durchzuführen. Wir begnügen uns hier mit den Rechnungsmethoden, den Berechnungsgrundlagen und -Annahmen, sowie mit der Abschätzung der für die Hauptbelastungsfälle erforderlichen Gewichte.

Die oben ermittelten 20300 kg stellen, wie dort schon gesagt, das Längsträgergewicht mit Zubehör für $\sim$ 200 m Länge eines Schiffes von 300000 cbm und einer Gesamtlänge von $\sim$ 300 m dar. Was die Querschnitte der Träger am Bug und Heck in einer Gesamtlänge von 100 m betrifft, so nimmt die Momentenkurve nach den Schiffsenden zu fast geradlinig ab, während die Querschnittsdurchmesser des Schiffes am Bug nach einer Parabel und am Heck nahezu nach einer Geraden abnehmen. Da die Trägheitsmomente im quadratischen Verhältnisse der abnehmenden Höhen schwinden, so werden die Querschnitts- und Gewichtsverhältnisse der Träger besonders am Heck beträchtlich ungünstiger. Wie im konstruktiven Teile schon einmal hervorgehoben, ist die solide Befestigung der schweren Flossen und Ruder ein Problem für sich. Bei den stark reduzierten äußeren Abmessungen der Heckspanten können die dort wegen der Steuerorgange auftretenden großen Scherkräfte nur durch schwere Träger und außerordentlich unrationellen Gewichtsaufwand aufgenommen werden.

Wir wollen uns an dieser Stelle auf die Gewichte nicht festlegen, empfehlen für Projekte jedoch die Annahme, daß mit Rücksicht auf die günstigeren Verhältnisse am Bug und mit Rücksicht auf die ungünstigeren am Heck sich im Durchschnitt das Längsträgergewicht für die fehlenden 100 m gegenüber dem Durchschnittsgewicht in den mittleren Schiffsteilen nicht oder nur unwesentlich ermäßigt.

Bei genauer Durchrechnung eines auszuführenden Schiffes müßten ferner berücksichtigt werden:

1. Der Einfluß der Kräfte infolge lokaler Belastung, wie sie bei Großschiffen die notwendige Konzentrierung großer Motorenlasten, umfangreiche Kabineneinbauten, konzentrische Belastung durch Passagiere oder Eilgut mit sich bringen;

2. die bei gefahrvollen Landungen auftretenden stoßartigen Erschütterungen, die gerade dem stark ausgenutzten, weitgespreizten Metallkörper der Z-Schiffe verhängnisvoll werden können, denn die aus Gewichtsgründen zuerst angestrebte dünne Außenhaut hat naturgemäß nur eine geringe lokale Festigkeit;

3. eine gewisse überschießende Sicherheit, die das Gerippe befähigt, etwaige Torsionsbeanspruchungen zu übertragen und aufzunehmen. Derartige Beanspruchungen können resultieren aus einseitigen Steuerwirkungen bei Beschädigungen oder Havarien der Steuerorgane oder des Schiffskörpers (siehe Unglücksfall der „Shenandoah") oder bei gewisser unsymmetrischer Verteilung der Luftkräfte über die Längsachse des Schiffes hinweg;

4. der Einfluß der Randwinkeländerungen $\Delta\,\vartheta_m$, der bei den oben durchgeführten Zahlenbeispielen vernachlässigt wurde.

Es muß ferner hervorgehoben werden, daß die obige Zahlenrechnung nur für eine Einspannungslänge von 5,0 m gilt, einer Entfernung der Hauptringe von 10,0 m entsprechend, d. h. auch bei den Nebenringen ist eine solide Einspannung anzustreben. Daß sich schließlich die Rechnung bei Entfernungen der Ringe von $\frac{12{,}0}{2}$ m bzw. $\frac{15{,}0}{2}$ m noch ungünstiger gestaltet, braucht nicht besonders betont zu werden.

Es wird also nicht weiter wundernehmen, daß die obigen für die Längsträger mit Zubehör angesetzten Gewichte von 20,3 t für die Erfüllung all dieser Belastungsaufgaben und für 300 m Länge noch ganz erheblich anwachsen, und daß für die Längsträger einschließlich aller Anschlüsse, Haupt- und Nebenverspannungen etwa 35 bis 40 t anzusetzen sind.

E. Über Beanspruchungen der Ringträger.

Zur Erfassung der Kräfte, die in den Stäben eines verspannten Hauptringes auftreten, betrachten wir einen tangential verspannten Ring, wie er in Abb. 31 dargestellt ist.

Die im Ringe auftretenden Beanspruchungen sind abhängig von der Größe der an der Ringstelle aufzunehmenden Scher- oder Querkraft. Wir führen einen Schnitt quer durch die Verspannungsdrähte, der gleichzeitig 2 symmetrisch zur Mitte gelegene Ringstäbe trifft. Die Spannkräfte in den durchschnittenen Drähten werden als Zugkräfte an den Schnittstellen angebracht, und auf den unten abgeschnittenen Tragwerkteil wirken dann:

1. Die Spannkräfte in den durchschnittenen Drähten, die unter den voneinander verschiedenen Winkeln α gegen die Horizontale geneigt sind;

2. die Spannkräfte in den beiden vom Schnitt getroffenen Ringstäben, welche wegen der Symmetrie einander gleich sind, unter dem Neigungswinkel β;

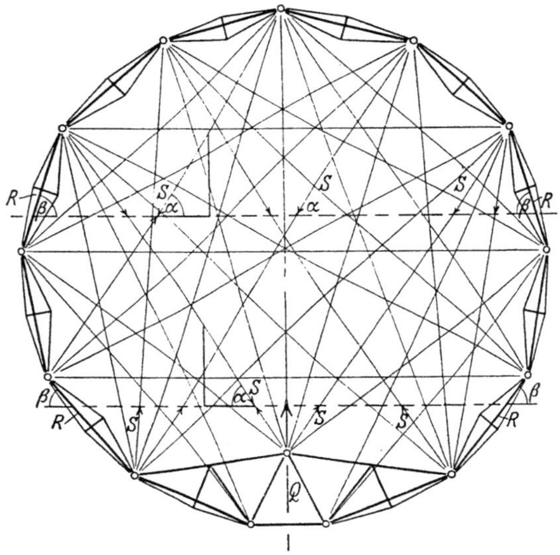

Abb. 31.

3. die äußere Querkraft, die im ersten Betrachtungsfalle nach oben gerichtet sei.

Da im Falle des Gleichgewichtes die Summe aller senkrechten Kräfte am abgeschnittenen Tragwerkteil 0 sein muß, so wird

$$Q + \sum S \cdot \sin\alpha + 2\,R \cdot \sin\beta = 0$$

und

$$R = -\frac{Q}{2 \cdot \sin\beta} - \frac{\sum S \cdot \sin\alpha}{2\sin\beta}.$$

Denken wir uns die Drähte sämtlich spannungslos, so würde das 2. Glied der rechten Seite fortfallen. Die Druckspannkraft in den vom Schnitt getroffenen Ringstäben erhielte damit ihren Mindestwert, und zwar

$$R = -\frac{Q}{2 \cdot \sin\beta}.$$

Wird der Schnitt durch den oberen Ringteil geführt, so ergibt sich bei ebenfalls aufwärts gerichteter Querkraft folgende Gleichgewichtsbedingung:

$$-Q + \sum S \cdot \sin\alpha + 2\,R \cdot \sin\beta = 0$$

$$R = +\frac{Q}{2 \cdot \sin\beta} - \frac{\sum S \cdot \sin\alpha}{2 \cdot \sin\beta}.$$

Denken wir uns auch hier die Drähte spannungslos, so erhalten im oberen Teile die Ringstäbe Zug, und zwar ihren Größtwert:

$$R = + \frac{Q}{2 \cdot \sin \beta}.$$

Sind also die Drähte spannungslos und ist an der betreffenden Ringstelle eine aufwärts gerichtete Querkraft, d. h. eine überschießende Hubkraft, vorhanden, so herrscht im unteren Ringteil der kleinste Druck, im oberen der größte Zug. Ist eine überschießende Sinkkraft vorhanden, so herrscht oben der kleinste Druck und unten der größte Zug unter sonst gleichen Bedingungen.

Nun sind, abgesehen von gewissen Belastungen während der Montage, die Verspannungsdrähte stets gespannt und in gewissen Fällen, z. B. bei ausgelaufener oder entleerter Zelle durch die gegen die Verspannung drückende benachbarte Zellenwand, bis zum Zerreißen gespannt.

Die in der einen Ringhälfte, also von vornherein vorhandenen Drücke wachsen mit den zunehmenden Spannkräften in den Drähten und mit der Anzahl derselben, während die in der anderen Ringhälfte anfänglich vorhandenen Zugkräfte mit zunehmender Spannung der Drähte verschwinden und wachsenden Druckkräften Platz machen. Um welche Beträge es sich schon bei den anfangs vorhandenen Druckkräften handelt, geht aus folgendem Zahlenbeispiel hervor.

Bei einem Großschiffe von 300000 cbm treten in den mittleren Abteilungen Hubkräfte von 15 bis 20 t auf, je nach der Einteilung. Rechnet man bei der überschießenden Querkraft nur mit einem Teilbetrage von etwa 5 t, der natürlich auch die doppelte Höhe haben kann, so werden sich die Anfangsdrücke in den Stäben, den Grenzneigungen der Stäbe entsprechend, etwa zwischen

$$\frac{5000}{2 \cdot 0{,}25} = 10000 \text{ kg} \quad \text{und} \quad \frac{5000}{2 \cdot 0{,}8} = 3100 \text{ kg}$$

bewegen.

Diese anfänglichen Spannkräfte können, wie ohne weiteres verständlich, auf die mehrfachen Beträge gesteigert werden, so daß Spannkräfte von 20, 30, auch 50 t bei den Ringen der späteren Großschiffe keine seltene Erscheinung sein werden.

Unter Voraussetzung derartiger Spannkräfte ist mit tragbaren Querschnitten von 20, 25 qcm und mehr zu rechnen, ohne besondere Sicherheit gegen den Bruchfall, d. h. die Gewichte der Tragringe werden dasjenige aller Ringe größer werden lassen als das der Längsträger.

In Beachtung dieser Tatsache ist es dann auch verständlich, wenn in neuerer Zeit der Ruf nach unverspannten, in sich steifen Ringen besonders von englischer Seite laut wird. Allerdings dürfte dadurch eine Verminderung des Gewichtes nicht erzielt werden, wie folgende kurze Durchrechnung zeigt.

Der betrachtete Ring sei ein n-Eck von verhältnismäßig großer Seitenzahl, so daß er durch einen Kreis ersetzt werden kann. Da die Aufgabe der Hauptverspannung darin besteht, die angehängten Lasten gleichmäßig auf das Tragwerk zu verteilen, so muß sie vor allem dafür sorgen, daß große konzentrierte Sinkgewichte in möglichster Nähe durch entsprechende Hubkräfte ausgeglichen werden und umgekehrt. Soll der Ring mit den angreifenden Kräften im Gleichgewicht sein, so wird er, gemäß Abb. 32, durch 2 gleich große, entgegengesetzt gerichtete Kräfte Q belastet.

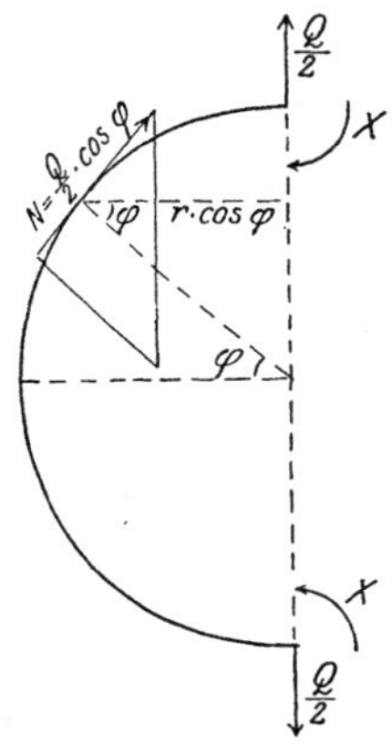

Abb. 32.

Wir denken uns den Ring an den Angriffsstellen der Lasten durchschnitten, so daß an jedem Ende $\frac{Q}{2}$ wirkt, welche Kräfte den Ring auf Biegung beanspruchen. Das auch an der Schnittstelle auftretende Biegungsmoment ist die statisch nicht bestimmbare Größe X. Außer diesem Biegungsmoment erzeugt $\frac{Q}{2}$ an jeder Querschnittsstelle des Ringes eine Normalkraft N. Wir führen einen beliebigen Schnitt mit dem zugehörigen Mittelpunktswinkel φ und bestimmen das Moment und die Normalkraft an der Schnittstelle.

$$M = X - \frac{Q}{2} \cdot r \cdot \cos\varphi.$$

$$N = \frac{Q}{2} \cdot \cos\varphi$$

Damit ergibt sich

$$\frac{\partial M}{\partial X} = 1, \text{ und } \frac{\partial N}{\partial X} = 0\,.$$

Da wir den Einfluß der Temperatur vernachlässigen, kommen von der Arbeitsgleichung nur die folgenden Glieder zur Verwendung:

$$A = \int \frac{M^2 \cdot ds}{2EJ} + \int \frac{N^2 \cdot ds}{2EF},$$

Die statisch nicht bestimmbare Größe ist so zu ermitteln, daß die Formänderungsarbeit ein Minimum wird. Der Ausdruck für A ist also partiell nach X zu differentiieren und gleich 0 zu setzen.

$$\frac{\partial A}{\partial X} = \int \frac{M}{EJ} \cdot \frac{\partial M}{\partial X} \cdot ds + \int \frac{N}{EF} \cdot \frac{\partial N}{\partial X} \cdot ds\,.$$

Ersetzen wir noch ds durch $r \cdot d\varphi$, so ergibt sich durch Einsetzung der Werte M, N, $\frac{\partial M}{\partial X}$:

$$\int \frac{X - \frac{Q}{2} \cdot r \cdot \cos\varphi}{E \cdot J} \cdot r \cdot d\varphi + \int \frac{\frac{Q}{2} \cdot \cos\varphi}{E \cdot F} \cdot 0 \cdot r \cdot d \cdot \varphi = 0$$

$$\frac{1}{E \cdot J} \cdot \int \left(X - \frac{Q}{2} \cdot r \cdot \cos\varphi\right) \cdot r \cdot d\varphi = \frac{r}{E \cdot J} \cdot \int \left(X - \frac{Q}{2} \cdot r \cdot \cos\varphi\right) \cdot d\varphi = 0$$

Wir haben ein Produkt aus 2 Faktoren. Da $\frac{r}{E\,J}$ einen bestimmten, gegebenen Wert hat, so muß das Integral gleich 0 sein; außerdem ist dasselbe in bezug auf φ von $-\frac{\pi}{2}$ bis $+\frac{\pi}{2}$ zu erstrecken.

$$\int_{-\frac{\pi}{2}}^{+\frac{\pi}{2}} \left(X - \frac{Q}{2} \cdot r \cdot \cos\varphi\right) \cdot d\varphi = 0$$

$$= X \cdot \pi - \frac{Q \cdot r}{2} \cdot \Big|_{-\frac{\pi}{2}}^{+\frac{\pi}{2}} \sin\varphi = X \cdot \pi - Q \cdot r$$

$$X = \frac{Q \cdot r}{\pi}.$$

Für einen Ring von 40 m Durchmesser und eine Scherkraft von nur 5000 kg ergibt sich

$$X = \frac{5000 \cdot 2000}{3{,}14} = 3185000 \text{ cm/kg}.$$

Dieser geradezu „phantastische“ rechnerische Wert des Biegungsmomentes verbietet ohne weiteres jeden Gedanken an den verspannungslosen, biegungsfesten Tragring.

Wohl aus dieser Überlegung heraus hat der Luftschiffbau „Schütte-Lanz“ die Radialverspannung der Ringe vorgezogen, wobei die von den einzelnen Ringecken ausgehenden Spanndrähte nach der Ringmitte zusammenlaufen. Alle diese Ringmitten werden überdies durch ein horizontal vom Bug bis zum Heck durchlaufendes Kabel gefaßt. Durch diese Anordnung werden wenigstens die gefährlichsten durch Auslaufen einer Zelle entstehenden Ringbeanspruchungen beschränkt, ganz aufgehoben jedoch nicht.

Eine genaue Durchrechnung des verspannten Ringes ist wegen der vielen Drähte und auch wegen der in denselben ständig wechselnden Spannkräfte nicht möglich. Man wird hier immer auf Näherungsmethoden nach Art der vorgetragenen angewiesen sein. Der sicherste Weg ist derjenige der Probebelastungen durch verschieden unter Druck gesetzte Zellen.

F. Weitere Rechnungsmethoden.

Für gewisse Belastungsfälle, z. B. für die inneren Gasdrücke, aber auch für ähnlich gleichmäßig verteilte Eigengewichtsbelastung, eignet sich die Berechnung nach Art der Föpplschen Tonnenflechtwerke. Zu diesem Zwecke wird eine größere Abteilung des Gerüstes als eingespannt angenommen. Als Begrenzung dieser Abteilung eignen sich besonders stark belastete Hauptringe. Eine solche Abteilung besteht aus einzelnen ebenen Parallelträgern, deren Gurte durch die Längsträger, deren Vertikalen durch die Ringstäbe gebildet werden und deren Gefache durch die Diagonalen der Hauptverspannung ausgekreuzt werden. Um die Knotenpunktbelastungen der Parallelträger zu erhalten, werden die in den einzelnen Verspannungsebenen wirkenden Kräfte $\mathfrak{Z}$ (siehe Längsträgerbeanspruchung infolge Gasdruck) gleichmäßig auf die Knoten verteilt. Jeder Längsträger ist Untergurt des darüber liegenden Gefaches oder Parallelträgers und Obergurt des darunter liegenden. Jeder Längsträger wird in seiner Eigenschaft als Gurt durch die von ihm ausgehenden Züge gedrückt, durch die von den Nachbargurten nach ihm gerichteten Züge gezogen. Wären alle Gefache gleich stark belastet, so würden sich die Zug- und Druckkräfte gegenseitig aufheben; da jedoch die $\mathfrak{Z}$-Kräfte nach dem First hin anwachsen, so resultieren für sämtliche Längsträger Druckspannkräfte. Außerdem sind die Längsträger zwischen 2 Ringen auf Biegung beansprucht.

Beim Luftschiffbau Schütte-Lanz hat sich schon früh ein Berechnungsverfahren herausgebildet, bei dem das Gerippe als ein räumliches Fachwerk aufgefaßt wird, das aus zwei schlanken aneinandergefügten Kuppeln besteht.

Der Gedanke, das räumliche Fachwerk der Luftschifftragwerke als steile Schwedlerkuppeln aufzufassen, ist schon beim Beginne der Entwicklung durch Müller-Breslau dem Grafen Zeppelin nahegelegt worden, jedoch ohne Erfolg.

Diese Berechnungsart eignet sich besonders für die Verfolgung der inneren Gasdrücke, sodann auch für die Beanspruchung durch außen wirkende Einzellasten. Bei der Berechnung derartiger Kuppeln nach Müller-Breslau werden alle von einem beliebigen Knoten n (Abb. 33) auslaufenden Stäbe nach den Richtungen der Ringstäbe und Sparrenstäbe — hier Längsträger — zerlegt. Bei Doppeldiagonalen wird vorerst nur eine steife Diagonale bei der Berechnung in jedem Fache berücksichtigt, die, falls sich schließlich eine Druckspannung herausstellt, durch die entsprechende Gegendiagonale ersetzt werden muß.

Man denke sich irgendein Feld mit einer rechtssteigenden Diagonale D in die Bildebene umgeklappt (Abb. 33b). Die Spannkraft in der Diagonale D kann durch ihre Seitenkräfte $w_0 D$ und $\lambda_0 D$ oben sowie durch $w_u D$ und $\lambda_u D$ unten ersetzt werden. Denken wir uns vorerst die inneren Ringverspannungen fort, so gibt es jetzt nur noch Stäbe in Richtung der Ringe und der Längsträger. Zerlegen wir vorläufig in Anlehnung an Müller-Breslau die in dem beliebigen Knoten n an-

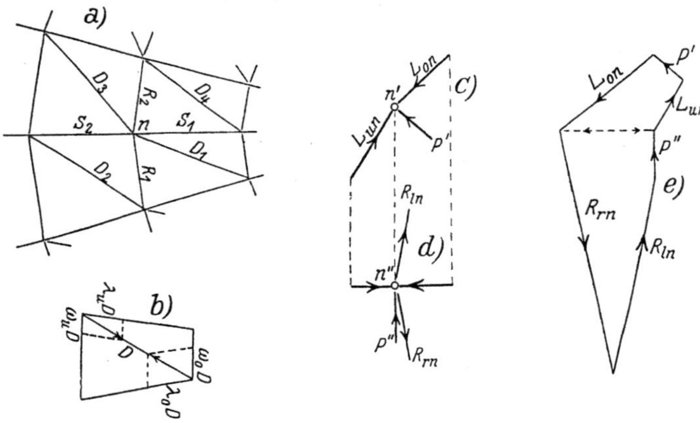

Abb. 33.

greifende, beliebige und beliebig gerichtete Kraft P in 2 zueinander rechtwinklige Seitenkräfte P' und P'', und zwar P' in der durch den Längsträgerzug gebildeten Aufrißebene und P'' parallel zur Ring- und Grundrißebene.

Es seien:

L_{on} die Summe der inneren Kräfte in Richtung des von n nach oben gehenden Längsträgers,
L_{un} desgleichen in Richtung des unteren Längsträgers,
R_{ln} „ „ „ „ linken Ringes,
R_{rn} „ „ „ „ rechten Ringes.

In den Abb. 33c, d, e ist die zugehörige Kräftezerlegung dargestellt. Es ergibt sich:

$$L_{on} = S_1 + \lambda_u D_1$$
$$L_{un} = S_2 + \lambda_0 D_3$$
$$R_{ln} = R_2 + w_0 D_3$$
$$R_{rn} = R_1 + w_u D_1.$$

Auf der rechten Seite sind scheinbar zu viel Unbekannten. Es muß jedoch beachtet werden, daß die Zerlegung von der Schiffsspitze beginnt, und daß daher die oberhalb liegenden Stäbe schon vorher ermittelt sind. Die Werte $w\,D$ und $\lambda\,D$ sind zu ihrer Mittelkraft D zusammenzusetzen.

Jetzt würde jedoch noch der Einfluß der Ringverspannung zu berücksichtigen sein. Bei der radialen Verspannung greift in n nur ein Draht an. Der Einfluß dieses Drahtes könnte nach dem Prinzip von der Summierung der Wirkungen verfolgt werden, indem für den Knoten n jetzt der Zustand $X = -1$ gebildet wird, der für die Stäbe die Spannkräfte S_a ergeben möge. Sind die oben ermittelten Spannkräfte mit S_0 bezeichnet, so ergeben sich die endgültigen Spannkräfte zu

$$S = S_0 - S_a \cdot X.$$

Ob der Luftschiffbau Schütte-Lanz gerade dieses Rechnungsverfahren weiter ausgebaut hat, entzieht sich unserer Kenntnis. Die hierher gehörenden umfangreichen und keineswegs leicht zu nehmenden statischen Berechnungsmethoden gehören selbstverständlich zum Geschäfts- bzw. Fabrikationsgeheimnis der Firma, würden auch weit den Rahmen dieses nur als Leitfaden gedachten Lehrheftes überschreiten.

Wie schon an anderer Stelle hervorgehoben, hat unzweifelhaft der Luftschiffbau Schütte-Lanz vom Anfange seiner Entwicklung an der statischen Durchrechnung der Schiffe eine ungleich größere Bedeutung beigemessen als der Luftschiffbau Zeppelin. Darauf ist es auch zurückzuführen, daß die SL-Schiffe den Z-Schiffen in den meisten Fällen in bezug auf die Nutzlast nicht unwesentlich unterlegen sind. Denn die sorgfältigere rechnerische Durcharbeitung führt ganz zwangsläufig dazu, größere Gewichte für die Gerippekonstruktion aufzuwenden.

Weiteren Aufschluß über die hier maßgebenden Tatsachen gibt das im „Schiffbau“ vom 4/11. Oktober 1922 vom Geh. Rat Professor Dr. Ing. Müller-Breslau veröffentlichte „Gutachten über die statischen Verhältnisse der Schütte-Lanz-Luftschiffe“.

Während die Punkte 1 bis 2 und 4 bis 8 dieses Gutachtens sich auf bauliche Einzelheiten beziehen, die vom Luftschiffbau Schütte-Lanz eingeführt sind und im übrigen das planmäßige Vorgehen dieses Werkes auf Grund wissenschaftlicher Forschung besonders betont wird, beschäftigt sich der 3. Punkt mit dem Laufgang, und zwar mit seiner Wichtigkeit in statischer Beziehung. Wegen dieser Wichtigkeit mögen die zugehörigen Ausführungen Müller-Breslaus zum Abschlusse unserer statischen Betrachtung hier wiedergegeben werden.

„Besonders wichtig ist der vom SL 2 an in jedes Schütte-Lanz-Schiff eingebaute innere Laufgang. Er bildet den Kiel, versteift den unteren Teil des Schiffes und überträgt, da er als räumliches Fachwerk ausgebildet ist, die an ihm angreifenden Kräfte auf die große Zahl der ihn stützenden verspannten Ringe. Auf diese Weise werden Brennstofflasten, Ballast, Nutzlasten, Belastung durch Personen sowie die von den Gondeln ausgehende Kraft über das Luftschiffgerippe verteilt. Einen weiteren Vorzug vor dem außenliegenden Laufgang bietet der innenliegende in statischer Beziehung durch Verkleinerung des Luftwiderstandes in der Längsrichtung des Schiffes und ganz besonders durch Verkleinerung der Angriffsfläche bei Seitenwind, was namentlich beim Einhallen sehr ins Gewicht fällt. Die statische Berechnung wird durch den innenliegenden Laufgang nicht erschwert; sein Biegungswiderstand als durchlaufender Träger ist, verglichen mit dem Biegungswiderstand des Gerippes, so gering, daß die Deformationsarbeit des Laufganges bei der Aufstellung der genauen Elastizitätsgleichungen nach dem Prinzip der kleinsten Deformationsarbeit oder mit Hilfe des Prinzips der virtuellen Verrückungen als unwesentlich herausfällt. Weiter bietet es keine Schwierigkeiten, die Versteifung des Schiffsbodens durch Zuschläge zu den Querschnitten unterer Längsträger zu berücksichtigen und die Abmessungen der Querschnitte der Laufgangglieder so zu wählen, daß der vom Laufgang gebildete durchlaufende Träger den Durchbiegungen des Schiffes folgen kann, ohne überanstrengt zu werden."

Auf die sonstigen Punkte des Gutachtens einzugehen, erübrigt sich hier, da eine scharfe Stellungnahme besonders in Prioritätsfragen weder gewollt noch erforderlich ist.

III. Schlußteil.

8. Hallenfrage und Landemast.

Die Zeit der provisorischen Schuppen und Hallen war bei Beginn des Weltkrieges längst vorbei. Die alte Holzhalle in Manzell, die erste Werkstatt des Grafen Zeppelin, war schon seit Jahren Eigentum des Flugzeugbau Friedrichshafen unter Direktor Kober. Der eigentliche Hallenbau beginnt mit dem Preisausschreiben, das der Luftschiffbau Zeppelin, gestützt auf den großen Erfolg der bekannten Volksspende, erlassen konnte. Sieger bei diesem Wettbewerb war der im Brücken- und Hallenbau erfahrene „Brückenbau Flender", von dem auch die erste eiserne, jetzt noch in Friedrichshafen stehende Hallenkonstruktion stammt.

Besonders durch die Gründung der „Delag" im Jahre 1909, der bekannten, zur Förderung der Passagierfahrten geschaffenen Gesellschaft, wurde die Errichtung besonderer Hafen- und Hallenanlagen für die einzelnen Landeplätze zur Notwendigkeit. So entstanden Luftschiffhäfen in Düsseldorf, Hamburg, Leipzig, Potsdam, Darmstadt, Frankfurt a. M., Berlin-Johannisthal, Baden-Baden usw. Nicht unerwähnt sollen auch die durch den Eintritt der Firma „Schütte-Lanz“ in den Wettbewerb entstehenden Hallenanlagen in Mannheim-Rheinau und in Zeesen bei Königswusterhausen bleiben. Mit dem Beginn des Weltkrieges unternahm der inzwischen gegründete „Zeppelin-Hallenbau“, eine Tochtergesellschaft des Stammhauses, die meisten Ausführungen der immer größer werdenden eisernen Hallen, und zwar als selbständiger Generalunternehmer, jedoch nicht als ausführende Firma. Zu dieser Zeit wurde außer Friedrichshafen und Potsdam besonders die neu geschaffene Anlage in Staaken ausgebaut, die zu einem Haupthafen gestaltet werden sollte.

Die Binder als Hauptbestandteile der eisernen Hallenkonstruktion sind bei allen diesen Bauten als Dreigelenkbogen ausgebildet, die auf eingespannten Binderfüßen oder -böcken ruhen. Jede Halle hat an ihrer Schmalseite 2 Torscheiben, die durch besonderen maschinellen Antrieb nach außen gerollt werden und so die Einfahrt oder Ausfahrt freigeben. Die Torscheiben ruhen unten mit ihren Laufrädern auf einer Laufschiene, die quer zur Hallenlängsachse verläuft, und legen sich oben ebenfalls mit Laufrädern gegen einen besonderen Führungsträger, der an jeder Torseite durch einen Torbock abgestützt wird. Um welche gewaltigen Abmessungen es sich hier handelt, geht aus folgenden Zahlenangaben hervor. Bis zum Jahre 1914 hatten die größten Hallen eine Weite von 40 m und eine Höhe von 31 m. 1915 und 1916 wurden unter anderen für Heer und Marine 4 große Hallen gebaut und in Wittmund, Ahlhorn und Seerappen errichtet. Dieselben hatten eine lichte Weite von 60 m und eine lichte Höhe von 35 m. Da die Binderbreite bis zum Fundament 3,0 m betrug, so hatte jede Torscheibe 33 m Breite der Öffnung zu bedecken, und die Tore erforderten eine Länge der Torführungsträger von über 100 m, die letzteren wieder eine Höhe der Torböcke von etwa 50 m. Die größten Längen der Hallen waren 220 bis 240 m. Die Halle bei Ahlhorn wurde noch während des Krieges durch eine Explosion oder durch noch ungeklärte Saugwirkungen des Windes auf die Dachhaut zerstört. Die 3 anderen großen Hallen sind ebenso wie die meisten übrigen gemäß dem Versailler Diktat abgebrochen oder gänzlich zerstört worden. Die letzte der 21 eisernen, vom Zeppelin-Hallenbau projektierten Hallen hatte eine Breite von 81 m (lichtes Maß 75.4) und eine Höhe von 44,9 m (lichtes Maß 40,0 m). Das Gesamtgewicht betrug etwa 4000 t.

Sämtliche Luftschiffhallen sind mit Einfahrtschienen ausgerüstet, durch die das Schiff beim Einbringen in die Halle vermittels einer vorn und hinten vorgesehenen Laufkatzenverankerung in seiner Bewegungsrichtung längs der Hallenachse festgelegt werden kann. Die normale

Landung erfolgt in der Weise, daß das Schiff, das an einem der ersten Ringe mit 2 schweren Landungstauen von 25 bis 30 mm ausgerüstet ist, an diesen Tauen heruntergeholt und festgehalten wird. Zum Festhalten dienen ferner eine Anzahl Knebelbunde, die durch kürzere Seile am vorderen Ringe sitzen. Zum Festhalten des Schiffes gegen Querwind werden auf beiden Schiffsseiten an allen unteren Knotenpunkten der Hauptringe seitliche Halteleinen festgemacht. Gegen Seitenwind schützt auch die Verankerung mit den Einfahrtschienen unmittelbar vor und während des Einhallens selbst.

Der Hauptnachteil aller festen Luftschiffhallen besteht darin, daß bei windigem Wetter nur dann eine ungefährdete Bergung des Schiffes vor sich gehen kann, wenn der Wind ausgesprochen in der Längsrichtung der Halle weht. Deshalb ist die ideale Bergungsstätte eine drehbare Halle. Eine solche, jedoch von wesentlich kleineren äußeren Abmessungen als die großen standfesten Hallen, war während des Krieges in dem Luftschiffhafen Nordholz errichtet und leistete hervorragende Dienste. Bei einer solchen drehbaren Halle ruht die ganze Konstruktion einschließlich Eindeckung und Ausmauerung auf 2 riesigen Längsträgern, die sich, durch kräftige Querkonstruktionen zu einer Drehscheibe größten Stiles ausgebaut, um einen Drehzapfen und auf konzentrischen Fundamentringen drehen können. Es leuchtet ohne weiteres ein, daß durch die großen Auflasten sowie durch die großen Kippmomente infolge Wind schon bei kleineren Hallen und bei normalen Fundamenten Schwierigkeiten wegen der Unterbringung der Fundamentdrücke auftauchen. Dies ist im erhöhten Maße der Fall, wenn an sich noch wesentlich größere Auflasten durch eine Anzahl Laufräder möglichst gleichmäßig in die Fundamente geleitet werden sollen. Es ist während des Krieges von seiten des Zeppelin-Hallenbau im Verein mit dem Eisenwerk Lauchhammer nachdrücklichst daran gearbeitet worden, für die damaligen Großschiffe eine brauchbare drehbare Halle zu schaffen. Ganz abgesehen von dem großen Umfange der rechnerischen Arbeiten — so waren die großen Fundament-Längsträger allein schon 30- oder 40fach innerlich statisch unbestimmt — bereiteten vor allem die Fundamente selbst sowie der Bewegungsmechanismus die größten Schwierigkeiten. Aus Mangel an Zeit und wegen dringender anderer Arbeiten wurde das Drehhallenprojekt während des Krieges aufgegeben. Aber auch jetzt dürfte die Drehhalle auf Jahre hinaus noch nicht als spruchreifes Projekt anzusprechen sein, und zwar aus folgenden zwingenden Gründen:

1. Hauptsächlich wegen der wirtschaftlichen Schwierigkeiten in Deutschland, die die Ausführung einer solchen Halle aus Mangel an Mitteln von vornherein verbieten;

2. wegen der noch nicht gelösten konstruktiven Schwierigkeiten.

Der letzteren wird man zur gegebenen Zeit Herr werden können; bei der traurigen wirtschaftlichen Lage Deutschlands wird sich weder Staat noch Industrie, selbst wenn das Versailler Diktat bezüglich der Drosselung der Luftfahrt nicht existierte, den Luxus des mit dem Bau eines modernen Großluftschiffes verbundenen Risikos leisten können, von dem Bau einer drehbaren Halle ganz zu schweigen.

Als ein Ersatz der drehbaren Halle kann die schwimmende Halle angesehen werden. Man denke sich eine solche, die am Rande eines größeren Gewässers oder des späteren Landungshafens auf einem Floß oder einer Plattform montiert wird. Diese umfangreiche und starke Plattform kann bestehen aus einer Betonplatte mit großen Hohlräumen oder aus einem starken Holzbalkenrost, der nur dort, wo erforderlich, abgedeckt, und der mit großen Sink- oder Schwimmkästen ausgerüstet ist. Bei fertig montierter Halle möge Oberkante Plattform oder Hallenfußboden noch eine hinreichende Höhe über Wasserspiegel haben, so daß die Halle gleichzeitig als Werft- oder Bauhalle des oder der Luftschiffe dienen kann. Wird die Halle für den Luftverkehr, und zwar als Landungshafen gebraucht, so wird die Halle an passender Stelle des Landungsgewässers verankert, und zwar an einer Schmalseite, mit der Längsachse in Windrichtung liegend. Ein solcher Hallenriese stellt sich wie ein Schwimmdock oder ein großer Ozeandampfer nicht ohne weiteres von selbst in die gewünschte Windrichtung ein, sondern muß durch Schleppschiffe, von denen vorn und hinten je eins an starken Trossen an dem Fundamentblock der Halle zieht, jeweils in die gewünschte Richtung eingeschwenkt werden, so daß das mit der Spitze gegen den Wind gelandete Luftschiff, diese Fahrtrichtung beibehaltend, in die Halle eingeschleppt oder mit eigener Motorenkraft in dieselbe einfahren kann. Zu diesem Zweck ist noch eine gewisse Fahrtiefe über Oberkante Hallenboden in der Halle erforderlich. Diese wird ohne weiteres dadurch geschaffen, daß vorher Wasser in die oben erwähnten Hohlräume oder Schwimmkästen des Balkenrostes eingelassen wird. Bei den jetzigen Starrschiffen und im ausgewogenen Zustande braucht nur eine unwesentliche Tauchtiefe berücksichtigt zu werden, aber auch eine größere Tiefe ließe sich leicht schaffen.

Das eigentliche Konstruktionsmaterial der Hallen schien das Eisen zu sein. Unter dem Zwange der Wirtschaftsnot hat sich jedoch im letzten Jahrzehnt der Holzbau zu ungeahnter Höhe entwickelt. Durch einwandfreie Ausbildung der Binderknotenpunkte können Spannweiten von 60 bis 100 m ohne weiteres durch einen Binderbogen überwölbt werden. Noch bis vor kurzer Zeit war Eisen dem Holz bezüglich des Preises für fertige Konstruktionen um den 3- bis 5fachen Betrag überlegen, hinzu kamen noch die wesentlich kürzeren Lieferfristen bei Holz, wohingegen bei Eisen auf feste Liefertermine wegen unserer unglücklichen Grubenverhältnisse nicht eingegangen werden konnte, sobald es sich um größere Aufträge handelte. Es ist natürlich damit zu rechnen, daß sich bei längerer Dauer stabiler Verhältnisse und bei Freiwerden des Ruhrgebietes auch unsere Eisenproduktion wieder heben wird, so daß Eisen bezüglich des Preises und der Lieferung es wieder mit dem Holz aufnehmen kann, noch dazu, wo die Preise für Nutzholz allmählich eine ungesunde Höhe erreicht haben. Ob dann das Holz ganz aus den Konstruktionsgebieten, die früher nur dem Eisen offen zu stehen schienen, wieder verdrängt werden wird, bleibt abzuwarten. Speziell für Luftschiffhallen spielt die Feuersicherheit eine große Rolle und da muß eingestanden werden, daß das hoch ausgenutzte Tragwerk, besonders das aus konstruktiven Gründen weit gespreizte Pfettengespärre der eisernen Hallen bei großer Wärmeentwicklung einen großen Gefahrpunkt darstellt. Bei einer modernen Luftschiffhalle aus Holz würden jedoch bei Bindern und Pfetten derart kräftige Querschnitte zur Verwendung kommen, daß bei größerer Gefahr der Entstehung eines Feuers eine ungleich geringere Gefahr bezüglich der Auswirkung eines solchen bis zur Vernichtung bzw. vorzeitigem Einsturz besteht.

Eisenbeton dürfte für Luftschiffhallen deshalb nicht in Frage kommen, weil derselbe zwar gliederungsfähig ist, jedoch nicht in so reichem Maße wie eine reine Eisen- oder Holzkonstruktion und wie es für eine Montagehalle wünschenswert ist. Außerdem aber ist eine Eisenbetonhalle als absolut ortsfest anzusehen, ein Abtragen derselben und Aufbau anderwärts ist ausgeschlossen. Diese Möglichkeit des Ab- und Wiederaufbaues bei Eisen- und Holzkonstruktionen ist auf einem Industriegebiet, das in absehbarer Zeit noch keine Stabilität aufweisen dürfte, als entscheidender Faktor anzusehen. Daran wird nach der Ansicht des Verfassers auch nichts geändert durch die Tatsache, daß die Franzosen im Flughafen von Villeneuve-Orly eine Halle in Eisenbetonkonstruktion errichtet haben.

Auch in England und Amerika ist bezüglich der wichtigen Hallenfrage wirtschaftlichen Gründen Rechnung getragen worden. In gerechter Würdigung der vielen Gefahrpunkte beim Landen und Einhallen in eine feste Halle sowie der nach dem Kriege spärlicher fließenden Hilfsquellen für den Luftschiffbau ist besonders in England der Landemast auf eine ziemliche Stufe der Vollkommenheit gebracht worden.

Es handelt sich hier in der Hauptsache darum, das Schiff frei schwebend in der Luft zu lassen, also alle mehr oder weniger heftigen Kollisionen mit der Erde zu vermeiden, es an einem turmähnlichen, freistehenden Bauwerke zu verankern, und zwar so, daß es jedem eventuellen Seitenwind ohne Reaktionen zu erzeugen ausweichen kann und sich ganz von selbst in die jeweilig herrschende Windrichtung einstellen kann. Der Gedanke des Landemastes ist auch in Deutschland naturgemäß schon früher aufgetaucht, man hat jedoch im weiteren Laufe der Entwicklung von dieser Verankerungsart nicht viel gehalten.

Die erste Schwierigkeit, das Ansteuern des Mastes bis auf eine geringe Entfernung und die Verankerung bei böigem Wetter, scheint durch zahlreiche Versuche überwunden zu sein. Eine zweite Schwierigkeit lag in der früher noch fehlenden Erfahrung über das Verhalten des Schiffes in verankertem Zustand. Auch hier schienen befriedigende Ergebnisse vorzuliegen, bis der Vorfall mit dem neuen amerikanischen Starrschiffe „Shenandoah" im Februar dieses Jahres das Vertrauen zu dem Maste wieder wesentlich erschütterte. Über diesen Vorfall berichtet „Aeroplane" vom 20. Februar 1924 wie folgt:

„Das Abreißen der Shenandoah vom Verankerungsmast ging so vor sich, daß der Verankerungskopf des Luftschiffes ganz aus diesem herausgerissen bzw. gedreht wurde. Diese Drehung des Schiffes um seine Längsachse wurde verursacht durch die Zerreißung der Bespannung der oberen senkrechten Ruderflosse bei einer Bö von 68 Meilen in der Stunde um 6,52 Uhr abends. Der Verankerungskonus des Schiffes und das abgerissene Stück des Axialkabels blieben am Verankerungsmaste hängen. Beim Bruch dieses Kabels wurde die vordere Gaszelle zerrissen, die zweite beschädigt. Nachdem sich dann letztere entleert hatte, wurde sie als Schottwand vor der 3. Zelle benutzt. Das Abflauen des Windes und dessen Richtung längs der Halle begünstigten das Wiedereinbringen des Schiffes in die Halle."

Auch hier erscheint im letzten Moment die Halle als notwendiger Schutzhafen.

Dem Verankerungsmast sind in Deutschland im Laufe der Zeit namhafte Verteidiger erwachsen, so Major von Parseval und Dr. Eckener. Wir möchten in dieser Beziehung auf den Aufsatz des letzteren in der „Luftfahrt" vom Februar d. J. verweisen: Das Abenteuer der „Shenandoah" und das Problem der Mastverankerung. In diesem überaus objektiv und einsichtsvoll geschriebenen Artikel — Herr Dr. Eckener ist bekannt als früherer Direktor der „Delag" und jetziges Aufsichtsratsmitglied des Luftschiffbau Zeppelin sowie als einer der erfahrensten Luftschiffführer — sind die folgenden Ausführungen besonders bemerkenswert:

„Andererseits aber ist nicht an der Erkenntnis vorbeizukommen, daß die Konstruktion, wenigstens wie sie jetzt ist, einer Mastverankerung in stürmischen Böen nicht gewachsen ist."

„Der Praxis der Mastverankerung wird ihr Wert, den sie schon jetzt ohne Zweifel hat und weiter erhöhen wird, nicht abgesprochen, wenn man ihre Schwächen und Grenzen klar erkennt, im Gegenteil wird das ihre Anwendbarkeit nur sichern helfen. Und das ist im Interesse der Luftschiffahrt sehr zu wünschen. Denn diese hat noch zwei schwache

Punkte: die Feuergefährlichkeit und die Schwierigkeit der Einhallung bei widrigem Wind."

Wie hier also von einem berufenen Vertreter der Starrschiffe in aller Öffentlichkeit ausgesprochen wird, bedarf das Gerippe für die Eventualbeanspruchungen am Mast noch einer wesentlichen Verstärkung. Ferner werden erheblich höhere Anforderungen an die Außenhülle bei ständigem Aufenthalt im Freien gestellt und schließlich wird trotz der aus obigen Gründen erforderlichen Gewichtsvermehrung die Lebensdauer der Schiffe durch die Verankerung am Maste ungünstig beeinflußt.

Auf der Werft selbst sowie bei größeren Hafenanlagen wird die Halle für größere Auswechselungen, Reparaturen größeren Umfanges sowie für ähnliche Vorkommnisse wie bei dem Shenandoah-Vorfall auch für die Zukunft nicht zu entbehren sein.

9. Neuere Leistungen und jetziger Stand der Bauten.

Der Außenwelt ist von allen neueren Leistungen am besten die Amerikafahrt des englischen Schiffes R 34 im Juli des Jahres 1919 bekannt geworden. Dieses Schiff war bei dem damaligen Stande der englischen Luftschiffindustrie den deutschen Starrschiffen konstruktiv noch wesentlich unterlegen. Es hatte ein Volumen von 56000 t, gehörte also zu den 60 t-Schiffen; seine Nutzlast betrug jedoch nur 28000 kg gegenüber 35 bis 40000 kg, die auf deutscher Seite bei gleich großen Schiffen erreicht worden waren. Das Schiff erledigte die Hinfahrt in $4^1/_2$ Tagen — genau in 108 Stunden und 12 Minuten — und legte dabei eine Strecke von 3130 englischen Seemeilen oder 5600 km zurück. Dieser Hinfahrt entspricht also eine mittlere Geschwindigkeit von nur 52 km pro Stunde. Auf der Rückfahrt wurde ein etwas südlicherer Weg gewählt von nahezu gleicher Länge. Die Fahrtdauer betrug genau 75 Stunden und 3 Minuten, die mittlere Geschwindigkeit etwa 77 km pro Stunde. Sonstige erwähnenswerte Angaben über dieses Schiff sind:

Brennstoffe	18 t
Öl.	1 t
Wasserballast	3,5 t
Mannschaft	4,0 t

Antrieb: 5 „Sunbeam-Maori" zu 275 PS.

Bei ständiger Inbetriebnahme von etwa 1000 PS konnte eine durchschnittliche Höchstgeschwindigkeit von 100 km pro Stunde vorausgesetzt werden und damit eine Fahrtdauer von $5600 : 100 = 56$ Stunden. Es war also durchaus möglich, die ganze Strecke bei einem Aufwand von $56 \cdot 200 = 11200$ kg an Betriebsstoffen zu bewältigen. Da ein Gewicht von $18 + 3,5 = 21,5$ t für Betriebsstoffe reserviert werden konnte, so war auch beabsichtigt, Hin- und Rückfahrt ohne Zwischenlandung zu erledigen. In Wirklichkeit mußte jedoch wegen oder auch trotz der Länge der Fahrt schon auf der Hinreise der ganze Betriebsstoff geopfert werden, obgleich große Strecken nur mit 2 und 3 Motoren überflogen wurden. Das von General Maitland veröffentlichte Logbuch gibt als Höchstgeschwindigkeit während der Hinreise 99 km/st an und als wirtschaftlichste Geschwindigkeit 72 km bei nur 2 Motoren unter Mitwirkung von 3,4 m/sec Rückenwind. Die Windverhältnisse waren auf der Heimreise unvergleichlich günstiger; so wurden am 2. Tage vorübergehend bis 149 km gemessen, wobei nur 4 Motoren in Betrieb waren.

Diese englische Fahrtleistung war jedoch schon im November 1917 durch die Kriegsfahrt des Zeppelinschiffes LZ 104 (L 59) überboten worden. Das Schiff flog von Jamboli in Bulgarien bis Chartum am oberen Nil mit 15000 kg Nutzlast an Bord, um unseren Afrikakämpfern Munition, Arzneimittel und Ersatzpersonal zu bringen; es wurde jedoch vor der Erreichung seines Zieles drahtlos zurückgerufen und langte unversehrt und ohne Zwischenlandung in seinem Ausgangshafen wieder an, mit reichlichem Brennstoffvorrat noch bei seiner Landung versehen. Das Schiff mit einer Größe von 68500 cbm kann sehr gut mit dem englischen von 56000 cbm verglichen werden, da die überschießenden 12500 cbm durch die mitgenommene Nutzlast von 15000 kg wieder ausgeglichen werden. Das deutsche Schiff legte jedoch 6700 km in 96 Stunden zurück, d. h. mit einer Durchschnittsgeschwindigkeit von 70 km/st, war noch bei seiner Landung reichlich mit Brennstoff versehen und führte die Fahrt unter wesentlich erschwerenden Umständen während des Krieges aus, wohingegen bei der Amerikafahrt des englischen Schiffes jede Unterstützung durch die englische und amerikanische Marine geleistet wurde.

Besonders bemerkenswert ist ferner eine Erkundungsfahrt des LZ 90 über der Ostsee mit einer Dauer von 101 Stunden.

Regelmäßige Passagierfahrten wurden vom 24. August bis zum 5. Dezember 1919 von der „Bodensee“ in Deutschland ausgeführt. Da die durchschnittliche Fahrtlänge jedoch nur 500 km betrug, d. h. eine Strecke, die als Wirtschaftsbereich des Flugzeuges anzusehen ist, so spielen diese Fahrten für die Charakterisierung der dem Luftschiff typischen Leistungen keine so wesentliche Rolle.

Auch die „Dixmuiden“, ein ausgeliefertes Z-Schiff von 68500 cbm, hatte vor ihrem Untergange im Dezember 1923 eine Anzahl von Dauerfahrten im Dienste der französischen Marine ausgeführt, so daß die Durchführbarkeit solcher Flüge von 7000 km und mehr und der ununterbrochene Flug eines Luftschiffes von 100 Stunden und mehr als bewiesen angesehen werden müssen.

An neuzeitlichen Bauten sind zu erwähnen das im Sommer 1923 in Amerika vollendete Marineluftschiff ZR 1 — besser bekannt unter

„Shenandoah" — sodann das ebenfalls für Amerika jetzt — im März 1924 — der Vollendung entgegen gehende Schiff ZR III mit der Bauwerft Friedrichshafen.

Die „Shenandoah" wurde in Amerika berechnet, konstruiert und gebaut unter Mitwirkung englischer und deutscher Ingenieure, und zwar wurden Einzelteile auf der League Island Schiffswerft in Philadelphia hergestellt, während die Gesamtmontage in der staatlichen Luftschiffhalle in Lakehurst erfolgte. Das Schiff hat ein Volumen von 60000 cbm, eine Länge von 207,8 m und einen größten Durchmesser von 24 m. Die freie Knicklänge der Längsträger beträgt $^{10}/_{2} = 5$ m. Die verspannten Hauptringe haben einen Abstand von 10 m, welcher Abstand durch die unverspannten Zwischenringe halbiert wird. Es sind nur Dreikantträger im Schiff verwendet. Die Dicke der hierzu verwendeten Profile bewegt sich zwischen 0,8 und 2 mm. Die Gurtprofile der Träger sind durch gepreßte Strebenkreuze miteinander verbunden; die Höhe der Hauptlängsträger dürfte 350 mm, die der Zwischenlängsträger 230 mm betragen. (Diese Angaben entstammen einem ausführlichen Bericht der Zeitschrift Engineering News Record vom 9. August 1923.)

Von der äußeren Form des Schiffes ist besonders erwähnenswert, daß auf etwa $^{1}/_{3}$ der Schiffslänge ein zylinderförmiges Mittelstück eingeschaltet ist. Das Schiff hat also in seinem ganzen Aufbau große Ähnlichkeit mit den 60 t-Schiffen der letzten Kriegsjahre, auch was das Gewicht betrifft. Als solches werden für das gesamte Schiffsgerippe 15 t angegeben, welches Gewicht wohl für Kriegsfahrten, also für gewisse Sonderzwecke, ausreichen dürfte, aber nicht für Friedenszwecke und Dauerfahrten, wie der oben geschilderte Vorfall am Verankerungsmaste inzwischen auch schon bewiesen hat.

Das zweite im Auftrage der amerikanischen Regierung in Friedrichshafen aus deutschem Material und von deutschen Ingenieuren gebaute Luftschiff ZR III wird voraussichtlich in diesem Frühjahr vollendet werden und im Sommer nach Erledigung der Werkstatt- und Abnahmefahrten die Ausreise antreten können[1]).

Dieses 70000 t-Schiff hat eine gut durchgebildete Stromlinienform und trägt in 5 Gondeln 5 Maybach-Motoren von 400 PS, welche wesentlich kräftiger konstruiert sein sollen, um einem Dauerbetrieb mehr gewachsen zu sein. Der Abstand der Hauptringe im Gerippe beträgt hier jedoch 15 m und in jeder Abteilung sind 2 Zwischenringe angeordnet. Diese Anordnung hat, wie meist im Luftfahrzeugbau, zwei Seiten; gewichtlich ist sie günstiger, in bezug auf die Sicherheit ungünstiger, und zwar wegen der Größe und Länge der Zellen. (Herrera mißt in seiner Abhandlung über die Katastrophe des „R 38" gerade dieser Einteilung

[1]) Die glückliche Überfahrt des Z. R. III hat im Oktober stattgefunden und ist in den Tageszeitungen eingehend besprochen worden.

viel Schuld an dem Unglück bei.) Für die Unterbringung von 30 Personen sind Einrichtungen vorgesehen, und das Schiff ist auf Mastverankerung eingerichtet.

Schließlich sei erwähnt, daß nicht nur in Deutschland, sondern auch in England und Amerika, wo zur Zeit eine „Hausse in Luftschiffwerten" zu herrschen scheint, eine große Anzahl von Projekten bis zu Abmessungen von 200 und 300000 cbm getätigt wurden und noch werden.

10. Schlußbetrachtung über die noch bestehenden Mängel der Starrschiffe.

Graf Zeppelin endete seinen Vortrag vor der schiffbautechnischen Gesellschaft im Sommer 1914 mit den Worten: „Zu Anfang meines Vortrages habe ich von der Gefährlichkeit des entzündlichen Wasserstoffgases gesprochen. Die Findung einer nicht brennbaren, wenn auch etwas weniger leichten Füllung der Zellen ist nicht ausgeschlossen. Schon aus diesem Grunde darf die allmähliche Ausbildung der Luftschiffe zu solchen Größen, daß sie auch von der unverbrennlichen Füllung getragen würden, nicht unterlassen werden."

Dr. Eckener schreibt im Februar 1924: „Denn diese — die Luftschiffahrt — hat noch zwei schwache Punkte: die Feuergefährlichkeit und die Schwierigkeit der Einhallung bei widrigem Wind."

Diese Aussprüche der beiden markantesten Vertreter des Starrschiffbaues, noch dazu in diesen Zeitabständen, bedürfen keines Kommentars.

Wie steht es nun mit dem Helium? Diese Frage scheint eine der widerspruchreichsten auf diesem vielumstrittenen Industriegebiete. Keine der vielen Auslassungen über den Stand der Heliumfrage in der ausländischen und deutschen Literatur spricht sich eindeutig und klar darüber aus, ob die amerikanischen Luftschiffe nun auch tatsächlich schon mit Helium gefüllt werden[1]).

Sicher jedoch wird man über kurz oder lang mit der Existenz von Heliumschiffen rechnen können; wie steht es dann mit der Leistung der Starrschiffe?

Herr Geheimrat Schütte äußert sich hierüber wie folgt: „Die Konstruktion starrer Schiffe braucht für die Verwendung von Helium nicht geändert zu werden. Helium besitzt zwar eine Kleinigkeit weniger Auftrieb als Wasserstoffgas, aber die absolute Sicherheit vor Explosionsgefahr und Verbrennung macht diesen geringfügigen Nachteil zu einem verschwindenden." (Siehe „Luftfahrt" vom April 1922: „Schütte-Lanz und Amerika".)

[1]) Wie dem Verfasser inzwischen durch Commander Lansdowne persönlich mitgeteilt wurde, sind die „Shenandoah" sowie einige kleine Prallschiffe mit Helium gefüllt.

Der Auftriebskoeffizient von Wasserstoff bzw. Helium ergibt sich im chemisch reinen Zustande wie folgt:

$$\begin{array}{r} 1{,}293 \\ -0{,}0896 \\ \hline 1{,}2034 \end{array} \text{ bei Wasserstoff;} \quad \begin{array}{r} 1{,}293 \\ -0{,}178 \\ \hline 1{,}115 \end{array} \text{ bei Helium.}$$

In praktischen Fällen wird demnach der Verlust an Hubkraft 7 bis 8% betragen (Süring rechnet im „Moedebeck" mit $^9/_{10}$ der Tragkraft bei Heliumfüllung).

Bei einem SL-Schiffe von 60 t Hub betrug das Gewicht der Außenhülle 1870 kg und das der Zellen 3380 kg, insgesamt 5250 kg oder 8,7%. Die Füllung der Starrschiffe mit Helium würde also gleichbedeutend sein mit der Verdoppelung der Gewichte für Zellen und Außenhaut.

Bei einem solchen Schiffe betrug ferner das Gewicht für das Gerippe 12900 kg; die Füllung mit Helium würde also gleichbedeutend sein mit einer Erhöhung des Gerippegewichtes um 40%. Wenn nun einerseits bei der neuen Schütteschen Rohrkonstruktion der Träger die bedeutende Gewichtsersparnis von 20 bis 30% des Gerippes hervorgehoben wird — und dies wäre im Luftschiffbau in der Tat eine ganz bedeutende Ersparnis — so liegt ein absoluter Gegensatz darin, daß andererseits bei einer Gewichtsvermehrung von 40% des Gerippes nur von einer „Kleinigkeit weniger Auftrieb" oder von „geringfügigen" oder gar „verschwindenden Nachteilen" gesprochen wird.

Die Kritik über diese Widersprüche überlasse ich getrost dem fachmännischen Leser.

Es erhebt sich nun die Frage, ob das Starrschiff an sich überhaupt in der Lage ist, sich eine derartige Mehrbelastung zu erlauben. Das neue amerikanische Z-Schiff, das in Friedrichshafen seiner Vollendung entgegengeht, hat für die Atlantikfahrt Einrichtungen für 30 Personen und Gepäck. 3000 kg würden bei einem 70 t-Schiffe etwa 4 bis 5% der Hubkraft ausmachen. (Nach den neuesten Berichten des Direktors Dürr kommen für lange Fahrten sogar nur 20 Fahrgäste in Frage.)

Dipl.-Ing. Dörr, ein berufener Vertreter der Starrschiffe und Direktor im Zeppelin-Konzern, berichtet im neuen „Moedebeck":

„Daß z. B. ein Zeppelin-Luftschiff von 100000 cbm 40 Passagiere mit Gepäck in 2 bis 3 Tagen über den Nord-Atlantik bringen könnte, ist wohl so selbstverständlich, daß Erläuterungen dazu hier überflüssig sind."

Diese 40 Passagiere einschließlich Gepäck stellen etwa 4000 kg dar und damit etwa $3^1/_2$% der Hubkraft des Schiffes.

Ich stelle demnach die Frage auf, ob sich ein Luftschiffsystem, das in seinem wirtschaftlichen Aktionsgebiete eine gewinnbringende Nettonutzlast von 4 bis 5% trägt, eine Mehrbelastung von etwa dem doppelten Betrage durch die Füllung mit Helium leisten kann?

Da in fachmännischen Kreisen bekannt ist, daß der Verfasser schon seit Jahren auf diesen Gebieten gearbeitet und bis zur Klärung der Heliumfrage für den Einbau eines Stickstoffmantels eintrat, so sei hier darauf hingewiesen, daß vom derzeitigen Militär-Versuchsamt schon vor dem Kriege und während desselben die eingehendsten Versuche über den Stickstoffschutz bei Luftschiffen angestellt wurden. Das Urteil dieser Behörde, die als solche alle Versuche in objektivster Weise durchführen konnte, liegt dem Verfasser vor und hat im folgenden Absatz wohl das aktuellste Interesse:

„Wenn man trotz der allgemein anerkannten günstigen Wirkung des Stickstoffes als Schutzgas gegen Brand- und Explosionsgefahren, die auch bei der Sicherung der Luftschiffe erfolgversprechend war, nach dem Explosionsunglück des L 2 nicht sofort alles daran setzte, diese günstige Wirkung des Stickstoffes für die Zwecke der Luftschiffsicherung praktisch zu verwerten, so war dafür hauptsächlich die Überlegung ausschlaggebend, daß die Anbringung eines solchen Stickstoffschutzes bei den damals vorhandenen Luftschiffsystemen eine vollkommene Neukonstruktion zur Voraussetzung haben würde, womit der Luftschiffbau naturgemäß auf eine ganz neue Grundlage gestellt werden müßte."

Als ausübender Ingenieur steht Verfasser allerdings auf dem Standpunkte, daß sich auch beim Starrschiff eine solche Stickstoffsicherung einbauen läßt, ohne das Schiff so stark wie bei Heliumfüllung zu belasten.

Es sei ferner noch auf das Gerippe, seine Ausbildung, sein Material und Gewicht aufmerksam gemacht.

Daß ein Verkehrsschiff solider und zuverlässiger bezüglich seiner Festigkeit gebaut werden muß, als ein für bestimmte eng umgrenzte Kriegszwecke hergestelltes Luftschiff, ist eine selbstverständliche Forderung. Verfasser betont auch seit Jahren, daß ein Verkehrsstarrschiff für lange Fahrt andere Gewichtsverhältnisse haben wird und muß als die derzeitigen Kriegsschiffe. Diese Ansicht ist nicht einseitig und wird sowohl von Parseval als auch gerade von Dr. Eckener in seinen neuesten Veröffentlichungen vertreten (siehe: „Untergang der Dixmuiden" und „Das Mysterium der Dixmuiden" in „Luftfahrt" vom Januar 1924).

Es ist aber sehr fraglich, ob sich bei der immer weiter gesteigerten Ausnutzung des Materials die Entwicklung des Starrschiffes auf dem richtigen Wege befindet; denn je dünner und angriffsfähiger die Außenhaut wird, um so weniger ist sie den besonders bei Landungen zu befürchtenden lokalen Belastungen und

Stößen gewachsen. Selbstverständlich ist der große Rohrträger für die Aufnahme der die Gesamtheit des Schiffes treffenden Längsbiegungsmomente der ideale Träger, aber es treten überdies Beanspruchungen am Umfange auf, die gerade eine besondere örtliche Festigkeit voraussetzen. Herrera berichtet in seiner schon im statischen Teile erwähnten Abhandlung über die Katastrophe des R 38: „Während des Baues brachen verschiedene Längsträger, als einige Arbeiter sich darauf stützten, bei der Füllung brachen wieder andere Längsträger und auf der ersten Probefahrt zeigte sich das ganze Gerippe als zu schwach konstruiert und erforderte an verschiedenen Stellen Reparaturen und Verstärkungen."

In diesem Zusammenhange sind die beiden Aufsätze von Professor Baumann und von Dr. Seehase im Sonderheft „Luftfahrt und Technik" der Zeitschrift für Flugtechnik und Motorluftschiffahrt vom 26. Februar 1924 äußerst wertvoll. Professor Baumann schreibt in „Richtlinien des Leichtmaschinenbaues": „Daß eine solche Auflockerung des Gefüges auch ihr Bedenkliches hat, besonders wenn sie weit getrieben ist, liegt auf der Hand.... Es bleibt demnach eine offene Frage, bis zu welchem Grade der Auflösung und Auflockerung der Baumasse vorzuschreiten, auf die Dauer zweckmäßig sein dürfte, und ob nicht die Verwendung zweckmäßig erleichterter und ausgesparter Vollwandträger, wo das möglich ist, vorzuziehen ist. Unter allen Umständen muß auf einen feingliedrigen Aufbau an denjenigen Stellen verzichtet werden, wo die Kraftanlagen oder Teile derselben befestigt werden sollen. Hier handelt es sich darum, nicht nur eine feste Unterlage für konzentrierte Belastung zu schaffen, sondern auch darauf zu achten, daß nicht einzelne Stäbe des Unterbaues unter dem Einfluß der Massenkräfte in unzulässige Erzitterung geraten. Es handelt sich außerdem darum, eine möglichst große Masse des gesamten Bauwerks zu fassen und als Gegenmasse gegen die bewegten Massen der Kraftanlage zu verwenden."

Baumann macht ferner auf den großen Einfluß der Nebenspannungen durch starre Vernietung aufmerksam, der bei normaler Beanspruchung zurücktritt, hier jedoch, bei der großen Ausnutzung des Materials entscheidend sein kann, schließlich betont er den großen Einfluß der Nebenspannungen, die durch Erzitterungen entstehen können.

Letztere Erscheinung hängt beim Luftschiff (wie auch beim Flugzeuge) eng mit dem Arbeiten des Motors wie auch mit den Landungsstößen zusammen.

Dr. Seehase betont ebenfalls in seinem Artikel „Der Leichtbau und seine Fortentwicklung" den „Nachteil dieser dünnen Außenhaut mit sehr geringer örtlicher Festigkeit" und warnt davor, hier eine gewisse Erstarrung in der Entwicklung eintreten zu lassen.

Es bereitet dem Verfasser eine besondere Genugtuung, hiernach nicht erst umlernen zu müssen, sondern diese Gedankengänge schon seit Jahren öffentlich und privat, in Wort und Schrift, vertreten zu haben.

Es ist dem Verfasser durch eingehende Besprechungen mit Major Scott, dem Führer der R 34 auf der Amerikafahrt, einem gleichzeitigen Ingenieur von hervorragender Sachkenntnis, bekannt, daß man besonders in England aus obigen Gründen das Starrschiff nicht nach den bisherigen starren Richtlinien weiterentwickelt. Infolge der Tatsache, daß das Gerippe in seiner jetzigen Form und mit seinen jetzigen Stärkeverhältnissen nicht den Anforderungen entspricht, die an ein modernes Verkehrsschiff für lange Fahrt gestellt werden müssen, und gestützt auf die ausführlichen Untersuchungen, die von seiten der Regierung durch die Katastrophe der R 38 veranlaßt wurden, herrscht jetzt als erste Forderung für jeglichen Luftschifftyp:

Schaffung eines für alle Belastungsfälle während Fahrt und Landung hinreichend kräftigen und unveränderlichen Gerüstes.

Die übrigen wunden Punkte der Luftschiffahrt sind in den obigen Ausführungen hinreichend gekennzeichnet, aber es ist absolut kein Zweifel daran erlaubt, daß sie einmal sämtlich überwunden werden, wenn auch nicht allein von uns Deutschen. Die Zeit der übergroßen Empfindlichkeit scheint bei uns vorüber zu sein, denn mit anzuerkennender Freimütigkeit werden von den Herren Dr. Eckener und Scherz in den Artikeln über die „Shenandoah" und die „Dixmuiden" die noch vorhandenen Mängel der Luftschiffahrt in ähnlichen Gedankengängen klargelegt (siehe „Luftfahrt" vom Januar und Februar 1924).

Wir glauben daher nicht besser schließen zu können, als mit den letzten Sätzen der obigen Artikel:

„Man bedenke jedoch, daß es nicht die schlechteste Eigenschaft war, die man uns Deutschen nachsagte, objektiv und sachlich zu urteilen, selbst wenn es uns innerlich schwer fiel. Wenn man überhaupt daran glaubt, daß Luftschiffe einmal ein brauchbares Verkehrsmittel im Weltverkehr bilden werden, dann muß man auch die ernsthaften Bestrebungen anderer Nationen, eigene Erfahrungen auf diesem Gebiete zu sammeln, anerkennen, wenn nicht sogar begrüßen."

Sachverzeichnis.

Eisenbahn-Balkenbrücken. Ihre Konstruktion und Berechnung nebst sechs zahlenmäßig durchgeführten Beispielen. Von Ing. **Johannes Schwengler.** Mit 84 Textfiguren und 8 lithographischen Tafeln. (83 S.) 1913. 4 Goldmark

Theorie und Berechnung der eisernen Brücken. Von Dr.-Ing. **Friedrich Bleich.** Mit 486 Textabbildungen. (592 S.) 1924. Gebunden 37.50 Goldmark

Theorie und Berechnung der statisch unbestimmten Tragwerke. Elementares Lehrbuch. Von **H. Buchholz.** Mit 303 Textabbildungen. (218 S.) 1921. 8 Goldmark

Die Berechnung des symmetrischen Stockwerkrahmens mit geneigten und lotrechten Ständern mit Hilfe von Differenzengleichungen. Von Dr. techn. **Josef Fritsche,** Ingenieur, Prag. (96 S.) 1923. 4 Goldmark

Berechnung von Rahmenkonstruktionen und statisch unbestimmten Systemen des Eisens und Eisenbetonbaues. Von Ing. **P. E. Glaser,** Ilmenau i. Thür. Mit 112 Textabbildungen. (140 S.) 1919. 4.50 Goldmark

Kompendium der Statik der Baukonstruktionen. Von Privatdozent Dr.-Ing. **I. Pirlet,** Aachen. In zwei Bänden.

Zuerst erschien:

Zweiter Band: **Die statisch unbestimmten Systeme.** In vier Teilen.

I. Teil: **Die allgemeinen Grundlagen zur Berechnung statisch unbestimmter Systeme.** Die Untersuchung elastischer Formänderungen. Die Elastizitätsgleichungen und deren Auflösung. Mit 136 Textfiguren. (218 S.) 1921. 6.50 Goldmark; gebunden 8.50 Goldmark

II. Teil: **Berechnung der einfacheren statisch unbestimmten Systeme.** Grade Balken mit Endeinspannungen und mehr als zwei Stützen. — Einfache Rahmengebilde. — Zweigelenkbogen. — Gewölbe. — Armierte Balken. Mit 298 Textfiguren. (322 S.) 1923. 8.50 Goldmark; gebunden 10 Goldmark

In Vorbereitung befinden sich:

III. Teil: **Die hochgradig statisch unbestimmten Systeme.** Durchlaufende Träger auf starren und elastischen Stützen. Fachwerke mit starren Knotenpunktsverbindungen. — Stockwerkrahmen. — Vierendeelträger und verwandte Rahmengebilde.

IV. Teil: **Das statisch unbestimmte Fachwerk.** Aufgaben des Brücken- und Eisenhochbaues.

Erster Band: **Die statisch bestimmten Systeme.** Vollwandige Systeme und Fachwerke.

Die Knickfestigkeit. Von Dr.-Ing. **Rudolf Mayer,** Privatdozent an der Technischen Hochschule in Karlsruhe. Mit 280 Textabbildungen und 87 Tabellen. (510 S.) 1921. 20 Goldmark

Mehrteilige Rahmen. Verfahren zur einfachen Berechnung von mehrstieligen, mehrstöckigen und mehrteiligen geschlossenen Rahmen (Rahmenbalkenträgern). Von Ingenieur **Gustav Spiegel.** Mit 107 Textabbildungen. (198 S.) 1920. 7 Goldmark

GPSR Compliance

The European Union's (EU) General Product Safety Regulation (GPSR) is a set of rules that requires consumer products to be safe and our obligations to ensure this.

If you have any concerns about our products, you can contact us on ProductSafety@springernature.com

In case Publisher is established outside the EU, the EU authorized representative is:

Springer Nature Customer Service Center GmbH
Europaplatz 3
69115 Heidelberg, Germany

Batch number: 10684222

Printed by Printforce, the Netherlands